高职高专机电类专业系列教材

机械制造与自动化专业群

机器人技术基础

主编　杨立云

参编　路洪飞　王贵丽　张敬芳

主审　胡占军　孙志平

机 械 工 业 出 版 社

本书在编写过程中注意理论系统，内容由浅入深，力求提高可读性，在内容选取方面考虑了学生特点和工作岗位的需求，突出实际应用性。本书主要介绍了机器人概论、机器人的机械结构、机器人的感觉系统、机器人的驱动系统、工业机器人的控制系统、机器人编程语言、机器人的应用与发展。

本书配有电子课件，凡使用本书作为教材的教师可登录机械工业出版社教育服务网 www.cmpedu.com 注册后下载。咨询邮箱：cmpgaozhi@sina.com。咨询电话：010-88379375。

图书在版编目（CIP）数据

机器人技术基础/杨立云主编. —北京：机械工业出版社，2017.12（2023.8 重印）

高职高专机电类专业系列教材. 机械制造与自动化专业群

ISBN 978-7-111-58418-6

Ⅰ.①机… Ⅱ.①杨… Ⅲ.①机器人技术-高等学校-教材 Ⅳ.①TP24

中国版本图书馆 CIP 数据核字（2017）第 269412 号

机械工业出版社（北京市百万庄大街 22 号 邮政编码 100037）

策划编辑：刘良超 责任编辑：刘良超 责任校对：杜雨霏

封面设计：马精明 责任印制：单爱军

北京虎彩文化传播有限公司印刷

2023 年 8 月第 1 版第 6 次印刷

184mm×260mm · 9.25 印张 · 220 千字

标准书号：ISBN 978-7-111-58418-6

定价：28.00 元

电话服务 网络服务

客服电话：010-88361066 机 工 官 网：www.cmpbook.com

010-88379833 机 工 官 博：weibo.com/cmp1952

010-68326294 金 书 网：www.golden-book.com

 机工教育服务网：www.cmpedu.com

前 言

机器人是人类千百年来的一种追求，随着机械、自动控制、计算机、人工智能和传感器等技术的飞速发展，机器人已从传说走向现实，从玩具变为工具。目前，工业机器人已成为现代制造系统中不可或缺的一种自动化装备，被广泛地应用在汽车、飞机、电子产品等行业的制造过程中。机器人不仅被应用在工业、军事、航天等尖端领域，还逐步走向社会、家庭，服务机器人已进入到人们的生活中。“中国制造 2025”的提出，使得我国机器人的技术发展及应用越来越迅速。总之，机器人技术已成为衡量一个国家综合技术水平的标志之一。

本书在编写过程中注重理论系统，内容由浅入深，力求提高可读性，在内容选取方面考虑了学生特点和工作岗位需求，突出实际应用性。本书主要包含以下内容：

1）机器人的基本知识介绍。包括机器人的发展、定义、基本组成、分类等。

2）机器人关键组成部分及相应技术的详细介绍。包括机器人的机械结构、机器人的感觉系统、机器人的驱动系统、工业机器人的控制系统、机器人的编程语言。

3）机器人应用与发展介绍。在机器人的应用技术方面，结合相关实际工程案例，重点介绍了机器人在制造业与非制造业中的典型应用，并对机器人的发展趋势进行了介绍。

为了能使读者更好地理解和学习机器人技术，本书采用了理论结合实际的方法，通过大量的案例来有序展开相关内容，有利于提高读者的兴趣和理解能力。

本书可作为高职高专机械制造类专业的教学用书，也可作为从事现代制造技术、控制技术等领域工程技术人员的参考书。

本书由河北机电职业技术学院杨立云主编，由河北机电职业技术学院胡占军、孙志平主审。全书共分为 7 章，第 1、2、6 章由杨立云编写，第 3 章由天津电子信息职业技术学院路洪飞编写，第 4、5 章由河北机电职业技术学院王贵丽编写，第 7 章由河北机电职业技术学院张敬芳编写。

由于编者水平有限，书中难免出现一些疏漏和不妥之处，希望广大读者、批评指正。

编 者

目 录

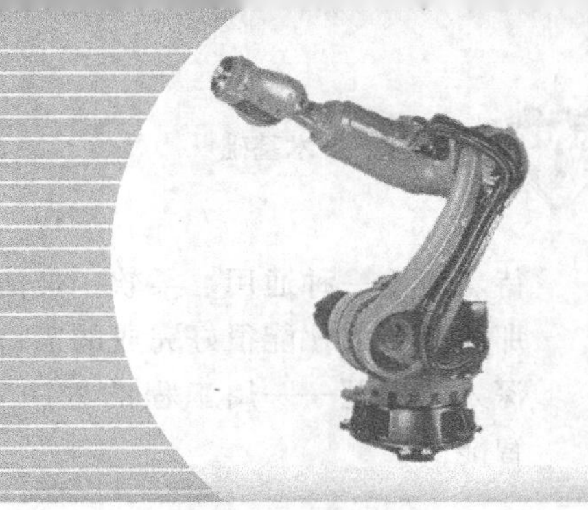

第 1 章 概论

机器人学是近几十年来迅速发展起来的一门综合学科。它集中了机械工程、电子工程、计算机科学、自动控制以及人工智能等多种学科的最新研究成果，体现了光机电一体化技术的最新成就，是当代科学技术发展最活跃的领域之一，也是我国科技界跟踪国际高新技术发展的重要课题。

1.1 机器人的由来与发展

1.1.1 机器人的由来

“机器人”最初是人类想象中的一种像人一样的机器，可以代替人来完成各种各样的工作，体现了人类长期以来的一种愿望。

图 1-1 古代机器人

早在三千多年前，机器人的概念已在人类的想象中诞生。我国西周时代就流传有工匠偃师献给周穆王一个艺伎（歌舞机器人）的故事（图 1-1）。公元前 3 世纪，古希腊发明家为克里特岛国王制造了一个青铜卫士。我国东汉时期，张衡发明的指南车可算是世界上最早的机器人雏形。

“机器人”的说法最早产生于 1920 年，源自捷克剧作家卡雷尔·凯培克的一部幻想剧“罗萨姆的万能机器人”中。“Robot”是从斯洛伐克语“Robota”衍生而来的。1950 年，美国作家埃萨克·阿西莫夫在他的科幻小说《I，Robot》中首次使用了“Robotics”，即“机器人学”。阿西莫夫提出了“机器人三原则”，即

1）机器人不应伤害人类，且在人类受到伤害时不可袖手旁观。

2）机器人应遵守人类的命令，与第一条相违背的命令除外。

3）机器人应能保护自己，与第一条相抵触者除外。

虽然这只是科幻小说里的创造，但后来成为学术界默认的研发原则。机器人学术界一直将这三原则作为机器人开发的准则，阿西莫夫因此被称为“机器人学之父”。

机器人形象的产生充分说明了人类对于先进生产工具的创造性想象和勇敢追求。人们期

待着诞生一种通用、柔软、灵活的自动机械，它与传统机器不同，它能模仿人的动作，从事那些只有人才能很好完成的工作。于是，人们这种美好的愿望给科学技术的研究提出了一个深入的课题——用工程的方法实现人体所特有的动作机能，以及完成这些动作所必需的智能。

1.1.2 机器人发展历史

真正机器人的历史并不算长，1959 年，美国英格伯格和德沃尔制造出世界上第一台工业机器人，机器人的历史才真正拉开了帷幕。

在形成这个成果的过程中却有着一段不平凡的历史，科学家们，或者说发明者们，进行了一次又一次的改进，也正是这些前人的努力，才有了现在的机器人。

1662 年，日本人竹田近江发明了能自动进行表演的玩偶；到了 18 世纪，日本人若井源大卫门和源信，对表演玩偶进行了改进，制造出了端茶玩偶，该玩偶双手端着茶盘，当将茶杯放到茶盘上后，它就会走向客人将茶送上，客人取茶杯时，它会自动停止走动，待客人喝完茶并将茶杯放回茶盘之后，它就会转回原来的地方。

法国的技师杰克·戴·瓦克逊于 1738 年发明了一只机器鸭，它能够发出“嘎嘎”的叫声，还能模拟游泳、喝水、吃东西和排泄等动作。

瑞士钟表名匠德罗斯父子三人于 1768~1774 年间，设计制造出三个同真人一样大小的机器人——写字偶人、绘图偶人和弹风琴偶人。它们是由凸轮控制和弹簧驱动的自动机器，至今还作为国宝保存在瑞士纳沙泰尔市艺术和历史博物馆内。同时，还有德国人梅林制造的巨型泥塑偶人“巨龙哥雷姆”，法国人杰夸特设计的机械式织造机等。

20 世纪 50 年代，随着机构理论和伺服理论的发展，机器人进入了应用阶段。1954 年美国的戴维申请了“通用机器人”专利；1960 年美国 AMF 公司生产了柱坐标型 Versatran 机器人，可进行点位和轨迹控制，这是世界上第一种应用于工业生产的机器人。

1959 年，美国的德沃尔与英格伯格共同制造出第一台工业机器人（图 1-2）。随后，他们成立了世界上第一家机器人制造工厂——美国万能自动化公司（Unimation 公司）。由于英格伯格对工业机器人的研发和宣传，他也被称为“工业机器人之父”。

图 1-2　第一台工业机器人

20 世纪 70 年代后期，美国政府和企业界虽有所重视，但在技术路线上仍把重点放在研究机器人软件及军事、宇宙、海洋、核工程等特殊领域的高级机器人的开发上，致使日本的工业机器人后来居上，并在工业生产的应用上及机器人制造业上很快超过了美国，其产品在国际市场上形成了较强的竞争力。

1966 年，美国 Unimation 公司的尤尼曼特机器人和 AMF 公司的沃莎特兰机器人率先进入英国市场。之后，英国 Hall Automation 公司研制出机器人 RAMP。20 世纪 70 年代初期，由于英国政府科学研究委员会颁布了否定人工智能和机器人的 Lighthall 报告，对工业机器人

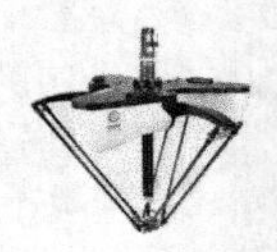

实行了限制发展的严厉措施，因而英国的机器人工业发展较为缓慢。

法国不仅在机器人拥有量上处于世界前列，而且在机器人应用水平和应用范围上处于世界先进水平。这主要归功于法国政府一开始就比较重视机器人技术，特别是把重点放在开展机器人的应用研究上。

德国工业机器人的总数居世界第三位，仅次于日本和美国。这是因为德国的机器人工业起步时，恰逢国内因战争导致的劳动力短缺，以及国民技术水平高，这为机器人的应用创造了有利条件。到了20世纪70年代中后期，德国政府采用行政手段为机器人的推广开辟道路，例如在“改善劳动条件计划”中规定，对于一些有危险、有毒、有害的工作岗位，必须以机器人代替人类进行劳动。这个计划为机器人的应用开拓了广泛的市场，并推动了工业机器人技术的发展。除了像大多数国家一样，将机器人应用在汽车工业之外，德国还在纺织工业中用现代化生产技术改造原有企业，报废了旧机器，购买了现代化自动设备。电子计算机和机器人的广泛应用，使德国纺织工业成本下降，质量提高，产品的花色品种更加适销对路。到1984年，德国纺织业已经重新振兴起来。与此同时，德国看到了机器人等先进自动化技术对工业生产的作用，提出了1985年以后要向高级智能型机器人转移的目标。目前，德国在智能机器人的研究和应用方面处于公认的世界领先地位。

经过半个多世纪发展的机器人，大致经历了三个时代。第一代为简单个体机器人，第二代为群体劳动机器人，第三代为类似人类的智能机器人，而机器人未来的发展方向是有知觉、有思维、能与人对话，而且发生故障时，通过自我诊断装置能自我诊断出故障部位，并能自我修复的智能机器人 。

今天，机器人的应用范围大大地扩展了，除工农业生产外，机器人已应用到各行各业。机器人向着智能化、拟人化方向发展的道路，是没有止境的。

1.2 机器人的定义与基本组成

1.2.1 机器人的定义

要给机器人下个合适的、能为人们所认可的定义还有一定的困难，专家们也是采用不同的方法来定义这个术语。现在，世界上对机器人还没有统一的定义，各国自己的定义之间差别也较大。有些定义很难将简单的机器人和与其技术密切相关的“刚性自动化”装置区别开来。

国际上，对于机器人的定义主要有以下几种：

(1) 美国机器人协会（RIA）的定义　机器人是“一种用于移动各种材料、零件、工具或专用装置的，通过可编程的动作来执行种种任务的并具有编程能力的多功能机械手”。这一定义叙述得较为具体，但技术含义并不全面，可概括为工业机器人。

(2) 美国国家标准局（NBS）的定义　机器人是“一种能够进行编程并在自动控制下执行某些操作和移动作业任务的机械装置”。这也是一种比较广义的工业机器人的定义。

(3) 日本工业机器人协会（JIRA）的定义　工业机器人是“一种装备有记忆装置和末端执行器的，能够转动并通过自动完成各种移动来代替人类劳动的通用机器”。同时还进一步分为两种情况来定义：

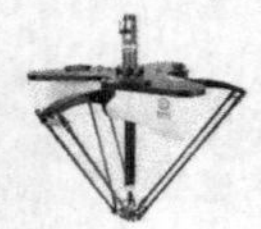

1）工业机器人是“一种能够执行与人体上肢（手和臂）类似动作的多功能机器”。

2）智能机器人是“一种具有感觉和识别能力，并能控制自身行为的机器”。

（4）国际标准化组织（ISO）的定义 机器人是“一种自动的、位置可控的、具有编程能力的多功能机械手，这种机械手具有几个轴，能够借助于可编程序操作来处理各种材料、零件、工具和专用装置，以执行种种任务”。

（5）英国简明牛津字典的定义 机器人是“貌似人的自动机，具有智力的和顺从于人但不具人格的机器”，这是一种对理想机器人的描述。

（6）我国关于机器人的定义 随着机器人技术的发展，我国也面临讨论和制定关于机器人技术各项标准的问题，其中也包括对机器人的定义。中国工程院蒋新松院士曾建议把机器人定义为“一种拟人功能的机械电子装置”。

上述各种定义可为理解机器人提供参考，这些定义的共同点为：

1）外形像人或像人的上肢，并能模仿人的动作。

2）具有一定的智力、感觉与识别性。

3）是人造的机器或机械电子装置。

随着机器人的进化和机器人智能的发展，这些定义都有可能修改，甚至需要对机器人重新认识和重新定义。

1.2.2 机器人的特点

（1）通用性 机器人的通用性指的是执行不同任务的实际能力，即机器人可根据生产工作需要进行几何结构的变更。现有的大多数机器人都具有不同程度的通用性，包括机械手的机动性和控制系统的灵活性。

（2）适应性 机器人的适应性是指其对环境的自适应能力，即所设计的机器人能够自我执行未经完全指定的任务，而不管任务执行过程中所发生的没有预计到的环境变化。这一能力要求机器人认识其环境，即具有人工知觉。在这方面，机器人使用它的下述能力：

1）运用传感器感测环境的能力。

2）分析任务空间和执行操作规划的能力。

对于工业机器人来说，适应一般指的是其程序模式能够适应工件尺寸、位置以及工作场地的变化。这里主要考虑两种适应性：

1）点适应性。它涉及机器人如何找到目标点的位置，如找到开始程序点的位置。

2）曲线适应性。它涉及机器人如何利用由传感器得到的信息沿着曲线工作。曲线适应性包括速度适应性和形状适应性两种。

1.2.3 机器人的基本组成

机器人由机械部分、传感部分和控制部分组成。这三大部分可分为机械机构系统、驱动系统、感觉系统、控制系统、机器人-环境交互系统和人-机交互系统6个子系统，如图1-3所示。

（1）机械结构系统 机器人的机械结构系统由机身、手臂、末端操作器三大件组成。每一大件都有若干自由度，构成一个多自由度的机械系统。机器人按机械结构划分可分为直角坐标型机器人、圆柱坐标型机器人、极坐标型机器人、关节型机器人以及移动型机器人。

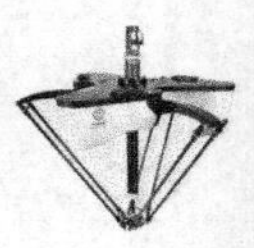

(2) 驱动系统　驱动系统是向机械结构系统提供动力的装置。采用的动力源不同，驱动系统的传动方式也不同。驱动系统的传动方式主要有4种：液压式、气压式、电气式和机械式。电气驱动是目前使用最多的一种驱动方式，其特点是电源取用方便，响应快，驱动力大，信号检测、传递、处理方便，并可以采用多种灵活的控制方式，驱动电动机一般采用步进电动机或伺服电动机，目前也有采用直接驱动电动机，但是造价较高，控制也较为复杂，和电动机相配的减速器一般采用谐波减速器、摆线针轮减速器或行星齿轮减速器。

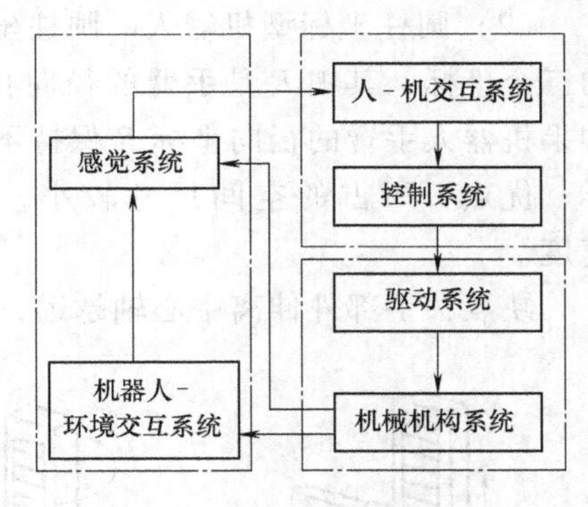

图 1-3　机器人的基本组成

(3) 感觉系统　它由内部传感器模块和外部传感器模块组成，获取内部和外部环境中有用的信息。智能传感器的使用提高了机器人的机动性、适应性和智能化水平。人类的感受系统对感知外部世界信息是极其巧妙的，然而对于一些特殊的信息，传感器比人类的感受系统更有效。

(4) 控制系统　控制系统的任务是根据机器人的作业指令以及从传感器反馈回来的信号，支配机器人的执行机构去完成规定的运动和功能。如果机器人不具备信息反馈特征，则为开环控制系统；具备信息反馈特征，则为闭环控制系统。根据控制原理，控制系统可分为程序控制系统、适应性控制系统和人工智能控制系统。根据控制运动的形式，控制系统可分为点位控制和连续轨迹控制。

(5) 机器人-环境交互系统　机器人-环境交互系统是实现机器人与外部环境中的设备相互联系和协调的系统。机器人与外部设备集成为一个功能单元，如加工制造单元、焊接单元、装配单元等。当然也可以是多台机器人集成为一个去执行复杂任务的功能单元。

(6) 人-机交互系统　人-机交互系统是人与机器人进行联系和参与机器人控制的装置。例如计算机的标准终端、指令控制台、信息显示板、危险信号报警器等。

1.3 机器人的分类

机器人的分类方法很多，主要有以下几种分类方法，即按机器人的几何结构、机器人的控制方式、机器人的智能程度、机器人的用途等分类。

1.3.1　按机器人的几何结构分类

机器人机械手的机械配置形式多种多样。最常见的结构形式是用其坐标特征来描述。这些坐标结构包括直角坐标型机器人、圆柱坐标型机器人、极坐标型机器人、球面坐标型机器人和关节型机器人等。

(1) 直角坐标型机器人　直角坐标型机器人结构如图 1-4a 所示，它在 x、y、z 轴上的运动是分别独立的。

优点：定位精度高，空间轨迹易求解，计算机控制简单。

缺点：操作机本身所占空间尺寸大，相对工作范围小，操作灵活性较差，运动速度较低。

（2）圆柱坐标型机器人　圆柱坐标型机器人的结构如图 1-4b 所示，R、θ 和 x 为坐标系的三个坐标，其中 R 是手臂的径向长度，θ 是手臂的角位置，x 是垂直方向上手臂的位置。如果机器人手臂的径向坐标 R 保持不变，机器人手臂的运动轨迹将形成一个圆柱面。

优点：所占的空间尺寸较小，相对工作范围较大，结构简单，手部可获得较高的速度。

缺点：手部外伸离中心轴越远，其切向线位移分辨精度越低。

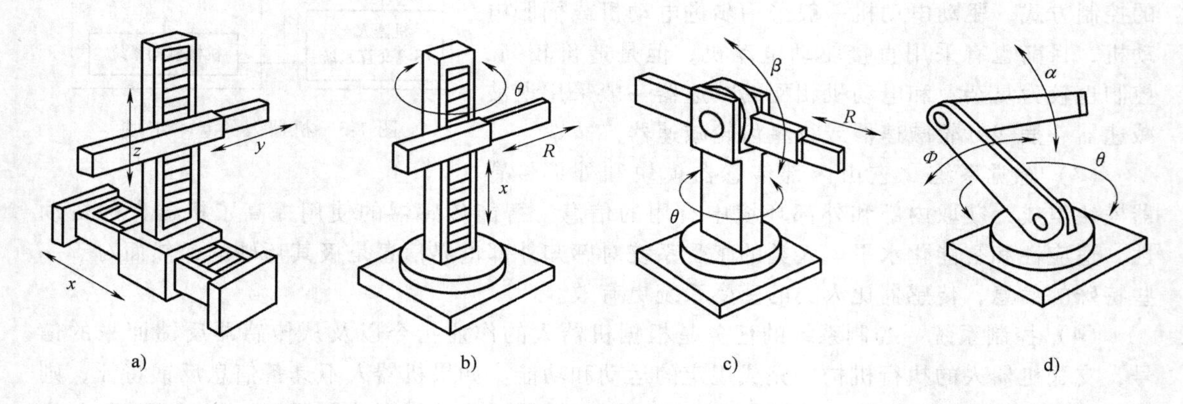

图 1-4　按机器人的几何结构分类

a）直角坐标型机器人　b）圆柱坐标型机器人　c）极坐标型机器人　d）关节型机器人

（3）极坐标型机器人　极坐标型机器人结构如图 1-4c 所示，R、θ 和 β 为坐标系的坐标，其中 θ 是手臂绕支承底座铅垂轴的转动角，β 是手臂在铅垂面内的摆动角。这种机器人手臂的运动轨迹将形成一个半球面。

优点：结构紧凑，所占空间尺寸小。

（4）关节型机器人　关节型机器人是以其各相邻运动部件之间的相对角位移作为坐标系的。θ、α 和 Φ 为坐标系的坐标，其中 θ 是绕底座铅垂轴的转角，Φ 是过底座的水平线与第一臂之间的夹角，α 是第二臂相对于第一臂的转角。这种机器人手臂可以达到球形体积内绝大部分位置，所能达到区域的形状取决于两个臂的长度比例。

优点：结构紧凑，所占空间体积小，相对工作空间大，还能绕过机座周围的一些障碍物。

1.3.2　按机器人的控制方式分类

按照控制方式可把机器人分为非伺服机器人和伺服控制机器人两种。

（1）非伺服机器人（non-servo robots）　非伺服机器人工作能力比较有限，主要包括终点式、抓放式及开关式机器人等。这种机器人按照预先编制好的程序顺序进行工作，使用终端限位开关、制动器、插销板和定序器来控制机器人机械手的运动。插销板用来预先规定机器人的工作顺序，而且往往是可调的。定序器是一种定序开关或步进装置，它能够按照预定的正确顺序接通驱动装置的能源。驱动装置接通能源后，就带动机器人的手臂、腕部和抓手等装置运动。当它们运动到由终端限位开关所规定的位置时，限位开关切换工作状态，给定序器送去一个“工作任务业已完成”的信号，并使终端制动器动作，切断驱动能源，使机

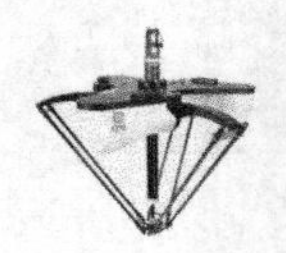

械手停止运动。

(2) 伺服控制机器人（servo-controlled robots）　伺服控制机器人比非伺服控制机器人有更强的工作能力，因而成本相对较高。伺服系统的被控制量（即输出）可为机器人端部执行装置（或工具）的位置、速度、加速度和力等。通过反馈传感器取得的反馈信号与来自给定装置（如给定电位器）的综合信号，用比较器加以比较后，得到误差信号，经过放大后用于激发机器人的驱动装置，进而带动末端执行装置以一定规律运动，达到规定的位置或速度等。显然，这是一个反馈控制系统。

伺服控制机器人又可分为点位伺服控制和连续路径（轨迹）伺服控制两种。

1) 点位伺服控制机器人。点位伺服控制机器人能够在其工作轨迹内精确地执行三维点之间的运动。一般只对其端点进行示教，机器人以最快的和最直接的路径从一个端点移到另一个端点。可把这些端点设置在已知移动轴的任何位置上。点位伺服控制机器人执行点与点之间的操作时有点不平稳，即使同时控制两根轴，它们的运动轨迹也很难完全一样。因此，点位伺服控制机器人用于只考虑终端位置而对编程点之间的路径和速度不作主要考虑的场合。

点位伺服控制机器人的初始化程序比较容易设计，但不易在运行期间对编程点进行修正。由于没有行程控制，所以实际工作路径可能与示教路径不同。这种机器人具有很大的操作灵活性，因而其负载能力大，工作范围广。液压装置是这种机器人系统最常用的驱动装置。

2) 连续路径（轨迹）伺服控制机器人。连续路径（轨迹）伺服控制机器人能够平滑地跟随某个规定的路径，其轨迹往往是某条不在预编程端点停留的曲线路径，因此这种机器人特别适用于喷漆作业。

连续路径（轨迹）伺服控制机器人具有良好的控制和运行特性，其数据是依时间采样的，而不是依预先规定的空间点采样。这样，就能够把大量的空间信息存储在磁盘或光盘上。这种机器人的运行速度较快，功率较小，负载能力也较小，适用于喷漆、弧焊、抛光和磨削等加工工作。

1.3.3　按机器人的智能程度分类

(1) 一般机器人　不具有智能，只具有一般编程能力和操作功能。

(2) 智能机器人　具有不同程度的智能，又可分为以下几种类型。

1) 传感型机器人。具有利用传感信息（包括视觉、听觉、触觉、距离、压力和红外线、超声波及激光等）进行传感信息处理，实现控制与操作的能力。

2) 交互型机器人。机器人通过计算机系统与操作员或程序员进行人-机对话，实现人对机器人的控制与操作。

3) 自主型机器人。在设计制作之后，机器人不需要人的干预，能够在各种环境下自动完成各项拟人任务。

1.3.4　按机器人的用途分类

1) 工业机器人或产业机器人，应用在工农业生产中，主要应用在制造业部门，进行焊接、喷漆、装配、搬运、检验、农产品加工等作业。

2）探索机器人，用于进行太空和海洋探索，也可用于地面和地下探险和探索。

3）服务机器人，一种半自主或全自主工作的机器人，其所从事的服务工作可使人类生存得更舒适。

4）军事机器人，用于军事目的，或进攻性的，或防御性的。它又可分为空中军用机器人、海洋军用机器人和地面军用机器人，或简称为空军机器人、海军机器人和陆军机器人。

1.3.5 按机器人移动性分类

1）固定式机器人。固定在某个底座上，整台机器人（或机械手）不能移动，只能移动各个关节。

2）移动机器人。整个机器人可沿某个方向或任意方向移动。这种机器人又可分为轮式机器人、履带式机器人和步行机器人，其中后者又有单足、双足、四足、六足和八足行走机器人之分。

1.3.6 串联机器人和并联机器人

机器人的机械结构是用关节将一些杆件（也称为连杆）连接起来，一般使用二元关节，即一个关节只与两个连杆相连接。

1）串联机器人。当各连杆组成一开式机构链时，所获得的机器人机构称为串联机器人，如图 1-5a 所示。

串联机器人研究较为成熟，具有结构简单，成本低，控制简单，运动空间大等优点，已成功应用于很多领域，如各种机床，装配车间等。

2）并联机器人。当各连杆组成一闭式机构链时，所获得的机器人机构称为并联机器人，如图 1-5b 所示。通常并联机器人的闭合回路多于一个。

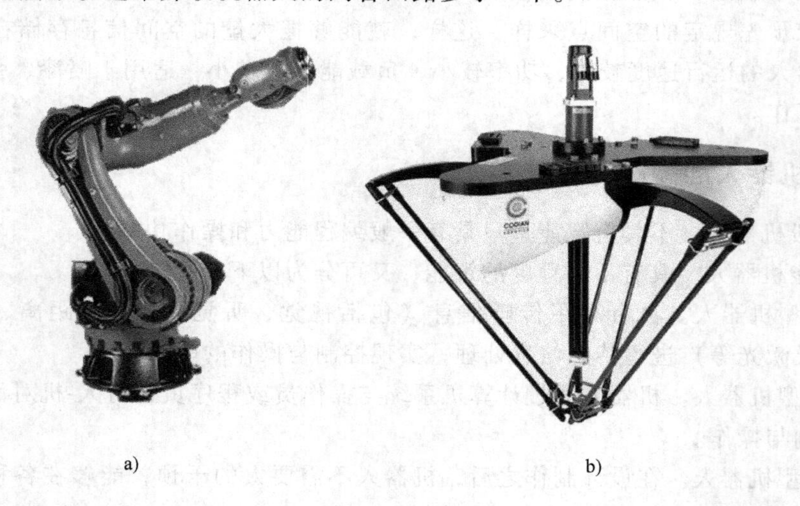

a)　　b)

图 1-5　串联机器人与并联机器人

a）串联机器人　b）并联机器人

并联机器人的研究与串联机器人相比起步较晚，还有很多理论问题没有解决。但由于并联机器人具有刚度大，承载能力强，精度高，末端件惯性小等优点，在高速、大负载的场合

具有明显优势。目前，并联机器人已有很多成功应用的案例，比如运动模拟器、delta 机器人等。

1.4 我国机器人发展战略与思考

随着知识经济时代的到来，高技术已经成为世界各国发展的焦点，机器人技术作为高技术的一个重要分支，普遍受到各国政府的重视。我国政府早在 20 世纪 80 年代就开始了工业机器人和水下机器人的攻关计划，并取得了一定的成绩。经过多年的艰苦奋斗，我国的机器人研究从跟踪世界先进水平到自主开发，取得了举世瞩目的成果，创造了一批机器人产品和机器人应用工程，为机器人技术的进步做出了应有的贡献。

1.4.1 发展机器人技术对国家的影响

世界各国都非常重视机器人技术的开发与研究，主要有以下几个方面的原因。

（1）发展机器人可以提高综合国力　机器人技术是集光、机、电、信息自动化于一身的高新技术，从某种意义上讲，一个国家机器人技术水平的高低，反映了一个国家制造业的水平和综合实力。

1）发展工业机器人可以增强一个国家的制造能力。制造业是一个国家国民经济的支柱产业，据有关资料报道，在一些工业发达的国家和新兴工业化的国家，制造业的生产总值占国内生产总值的 20%~55%。当今，世界市场已形成了以制成品为主（占 80%以上）的结构，这说明制造业不论是在发达国家，还是在发展中国家，在国民经济中均占有主要地位。世界上各个国家经济的竞争主要是制造技术的竞争，在各个国家的企业生产力构成中，制造技术的作用一般占 60%左右。由此可见，制造技术水平的高低已经成为衡量一个国家国民经济实力和科技发展水平的重要标志之一。从某种意义上讲，制造技术，特别是先进制造技术已成为影响一个国家战略规划的重要因素。工业机器人是柔性制造的核心，是现代制造不可缺少的设备之一。为了提高产品的生产率，提高产品的质量和产品质量的一致性，很多企业都应用了工业机器人。我国的制造加工能力相对较差，一些传统的制造企业受到市场的巨大冲击。这些企业大都是使用刚性设备，要想改产就必须重新购买新的设备，而企业又没有足够的资金购买新的生产线，老产品失去市场，新产品又造不出来，致使有些企业举步维艰。

国外一些大的汽车、电子、机械制造商采用了工业机器人作为关键生产设备。他们可以根据市场需求，及时调整生产策略，以小批量、多品种，占领更多的市场份额。我国的一些企业也已经尝到了使用机器人的甜头，工业机器人正在得到更多的认可。

2）发展特种机器人可以增强国家的可持续发展能力。所谓的特种机器人是指除工业机器人之外的各种机器人。我国已经先后研制出水下机器人、混凝土喷射机器人、排险机器人、核工业机器人、机器人压路机、机器人推土机、凿岩机、农林业机器人、微操作机器人、爬壁机器人、管内作业机器人、双足步行机器人、灵巧手等，大大缩短了我国机器人水平与发达国家之间的差距，有力地推动了我国机器人技术的发展，加强了机器人与社会、经济的联系。

智能机器人是具有感知、思维和行动功能的机器，是机构学、自动控制、计算机、人工智能、光电技术、传感技术、通信技术、仿真技术等多种学科和技术的综合成果。智能机器人作为新一代生产和服务工具，在制造领域和非制造领域都占有广泛、重要的位置，这对人类开辟新的产业，提高生产和生活水平具有十分现实的意义。

机器人技术的发展依赖于与其相关的基础研究和关键技术的进展；同时机器人技术的应用又带动了相关学科和技术研究水平的提升。总之，面向先进制造的工业机器人和面向非制造业的特种机器人的研究、开发、应用将成为未来机器人的两个重要发展方向。

（2）发展机器人技术可以提高国防实力　早在第二次世界大战期间，德国就研制并使用了扫雷及反坦克用的遥控爆破机器人，美国则研制出遥控飞行机器人，这些都是原始的机器人武器。随着计算机技术、人工智能技术的发展，以美国为首的一些发达国家，看到了机器人技术对未来战争的影响，十分重视研究开发先进的军用机器人系统。

有人说未来的战争将是无人战争，而战争中的主角将是机器人士兵。在电影和电视中我们已看到了机器人战争的场面，但这似乎离我们的现实生活还太遥远。尽管现在机器人技术还没有达到人们想象的那样先进，但对现代战争和社会安全已经产生了巨大的影响。在海湾战争、波黑战争、科索沃战争中，都出现了各种各样的无人机和地面军用机器人，这些机器人在战场侦察、探雷排雷、监视、通信中继、电子对抗、火力导引、战果评估、骚扰、攻击等方面起了特殊的作用。

美国是一个军事大国，他们在军用机器人技术方面处于世界领先水平。他们通过使用机器人，有效地减少了战场上士兵的伤亡。军用机器人可分为地面、空中、水下机器人，其中的智能机器人具有感觉、知觉、识别、判断能力，甚至可以有思维、推理决策功能。当前军用机器人的研究主要在制造少量装用高技术系统方面，它们在完成任务时与其他地面、空中及水下的传感器及执行机构保持联系，从而提高作战质量。

（3）机器人产业是一个潜力巨大的产业　从机器人产业的现状来看，世界上机器人每年的销售额已达数百亿美元，在我国，整个机器人领域的产值每年也有数十亿人民币。而从世界范围来看，机器人产品体系中相对比较成熟的只有工业机器人，服务机器人、个人机器人的技术和市场还处于萌芽期，没有形成规模，具有巨大的市场潜力。可以预见，个人机器人会像个人电脑一样走进千家万户，成为人类社会必不可少的生活用品。

1.4.2　我国发展机器人的必要性

（1）真正的高技术是买不到的　我国是一个发展中的大国，改革开放、开拓创新是我们发展科技与经济的基本方针，我们必须学习、跟踪、借鉴世界上先进的东西，但是很多高技术必须由我们自己开发，尤其是国防高技术。我们只能以自力更生为主，使中华民族屹立于世界民族之林，起到一个大国应有的作用。

（2）社会文明的发展，需要机器人　有很多工作岗位是处于有毒、有害、高温、危险的作业环境中，为了人类的健康和社会文明，我们需要发展机器人，代替人类完成这些环境恶劣的工作。

（3）市场竞争需要机器人　现代市场是一个开放的市场，是一个无国界的市场。我们的产品要直接和一些发达国家的大公司竞争，需要可靠的质量、优质的服务。工业机器人的应用，不仅可以提高产品的质量，提高产品的改型速度，适应快速变化的市场，满足消费者的需要，而且可以降低产品的成本，提高市场竞争能力。

习　　题

1. 机器人三定律是什么？
2. 机器人的基本组成有哪些？
3. 简述机器人的分类。
4. 简述我国发展机器人的必要性。

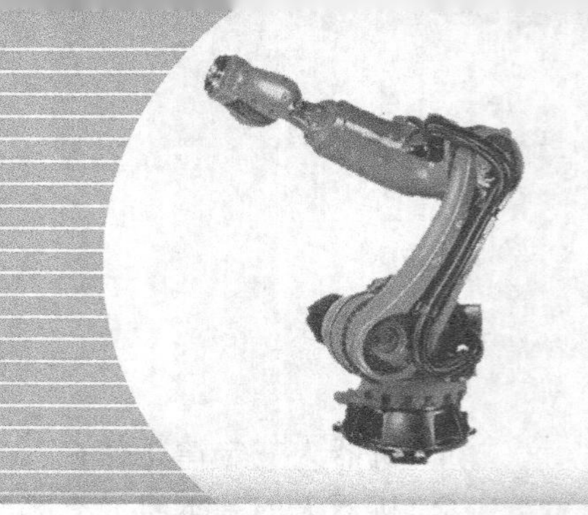

第2章 机器人的机械结构

2.1 概述

在设计与研究工业机器人的总体结构时，首先必须画出机器人机构运动示意图，以便对现有的机器人结构进行分析，与新设计的机器人结构方案进行比较，以确定最佳的方案。通常是用简单的机构运动符号来表示机器人的机械结构。

2.1.1 机器人机构运动简图

为分析和记录机器人各种运动及运动组合，有必要引入机器人机构运动简图。用机构与运动图形符号表示机器人机械臂、手腕和手指等运动机能的图形，称为机器人机构运动简图。这种运动简图既可在一定程度上表明机器人的运动状态，又有利于进行设计方案的比较。

表 2-1 列出了表示机器人运动件相对移动、回转（或摆动）以及末端手指等的符号，用它们来表示机器人的各种运动机能。

表 2-1 运动机能代号表

序号	运动机能	运动机能代号		图例
		侧面	正面	
1	垂直移动			
2	移动			
3	回转(1)			
4	摆动(1)			
5	摆动(2)			

（续）

序号	运动机能	运动机能代号		图例
		侧面	正面	
6	行走机构			
7	钳爪式手部			
8	磁吸式手部			
9	气吸式手部			
10	回转(2)			
11	固定基面			

2.1.2　机器人的主要技术参数

机器人的种类、用途以及用户要求都不尽相同。但工业机器人的主要技术参数应包括以下几种：自由度、精度、工作范围、最大工作速度和承载能力。

(1) 自由度　自由度是指机器人所具有的独立坐标轴运动的数目，不包括末端执行器的开合自由度。机器人的一个自由度对应一个关节，所以自由度与关节的概念是相等的。自由度是表示机器人动作灵活程度的参数，自由度越多动作就越灵活，但结构也越复杂，控制难度越大，所以机器人的自由度要根据其用途设计，一般在3~6个之间。

大于6个的自由度称为冗余自由度。冗余自由度增加了机器人的灵活性，可方便机器人避开障碍物和改善机器人的动力性能。人类的手臂（大臂、小臂、手腕）共有7个自由度，所以工作起来很灵巧，可回避障碍物，并可从不同的方向到达同一个目标位置。

图2-1所示的机器人，臂部在 xO_1y 面内有三个独立运动——升降（L_1）、伸缩（L_2）和转动（Φ_1），腕部在 xO_1y 面内有一个独立的运动——转动（Φ_2）。机器人手部位置需要一个独立变量——手部绕自身轴线 O_3C 的旋转（Φ_3）。

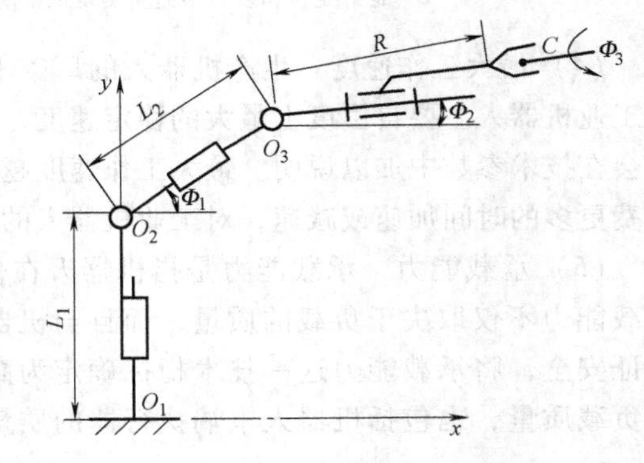

图 2-1　5自由度机器人

(2) 作业空间　作业空间是机器人运动时手臂末端或手腕中心所能到达的所有点的集合，也称为工作区域或作业范围。由于末端执行器的形状和尺寸是多种多样的，为真实反映机器人的特征参数，故作业空间是指不安装末端执行器时的工作区域。作业空间的大小不仅与机器人各连杆的尺寸有关，而且与机器人的总体结构形式有关。PUMA机器人作业空间如图2-2所示。

作业空间的形状和大小是十分重要的，机器人在执行某作业时可能会因存在手部不能到达的盲区而不能完成任务。

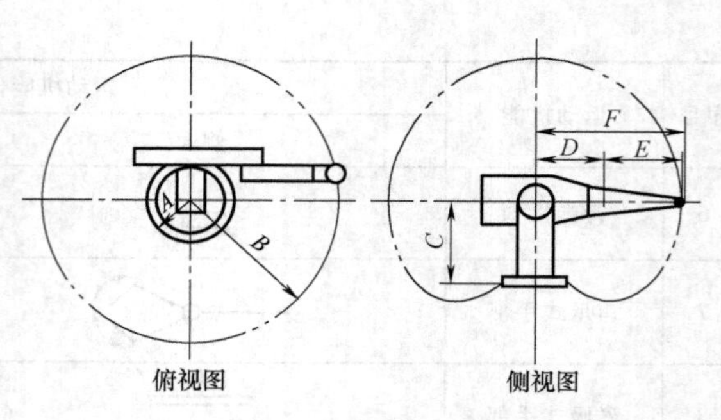

图 2-2　PUMA 机器人作业空间

(3) 定位精度和重复定位精度　定位精度和重复定位精度是机器人的两个精度指标。定位精度是指机器人末端执行器的实际位置与目标位置之间的偏差，由机械误差、控制算法与系统分辨率等部分组成。重复定位精度是指在同一环境、同一条件、同一目标动作、同一命令之下，机器人连续重复运动若干次时，其位置的分散情况，是关于精度的统计数据。因重复定位精度不受工作载荷变化的影响，故通常用重复定位精度这一指标作为衡量示教-再现工业机器人水平的重要指标。机器人精度和重复精度的典型情况如图 2-3 所示。

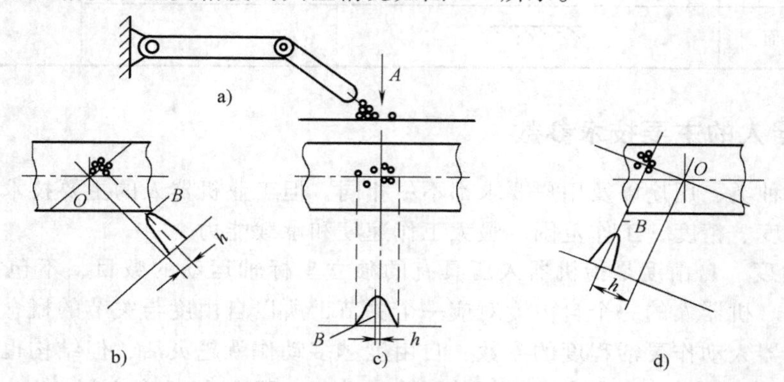

图 2-3　机器人精度和重复精度的典型情况

a) 重复定位精度的测定　b) 合理定位精度，良好重复定位精度

c) 良好定位精度，很差重复定位精度　d) 很差定位精度，良好重复定位精度

(4) 最大工作速度　生产机器人的厂家不同，其所指的最大工作速度也不同，有的厂家指工业机器人主要自由度上最大的稳定速度，有的厂家指手臂末端最大的合成速度，对此通常都会在技术参数中加以说明。最大工作速度越高，其工作效率就越高。但是，工作速度高就要花费更多的时间加速或减速，对工业机器人的最大加速率或最大减速率的要求就更高。

(5) 承载能力　承载能力是指机器人在作业范围内的任何位姿上所能承受的最大质量。承载能力不仅取决于负载的质量，而且与机器人运行的速度和加速度的大小和方向有关。为保证安全，将承载能力这一技术指标确定为高速运行时的承载能力。通常，承载能力不仅包括负载质量，也包括机器人末端执行器的质量。

2.2　机器人机械机构的组成与运动

2.2.1　机器人机械结构的组成

机器人机械结构主要包含手部、手腕、臂部、机身 4 部分，如图 2-4 所示。

(1) 手部　机器人为了进行作业，在手腕上配置了操作机构，称为手部，有时也称为手爪或末端操作器。

(2) 手腕　连接手部和手臂的部分，主要作用是改变手部的空间方向和将作业载荷传递到手臂。

(3) 臂部　连接机身和手腕的部分，主要作用是改变手部的空间位置，满足机器人的作业空间，并将各种载荷传递到机座。

(4) 机身　机器人的基础部分，起支承作用。对固定式机器人，直接连接在地面基础上；对移动式机器人，则安装在移动机构上。

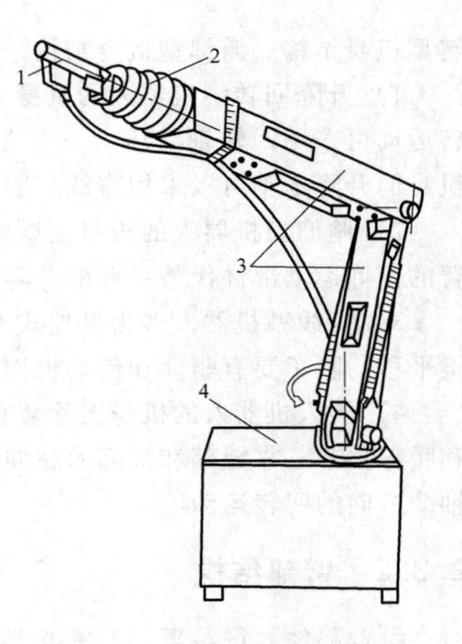

图 2-4　机器人机械结构组成

1—手部　2—手腕　3—臂部　4—机身

2.2.2　机器人机构的运动

(1) 手臂的运动

1) 垂直移动指机器人手臂的上下移动。这种运动通常采用液压缸机构或其他垂直升降机构来完成，也可以通过调整整个机器人机身在垂直方向上的安装位置来实现。

2) 径向移动是指手臂的伸缩运动。机器人手臂的伸缩使其手臂的工作长度发生变化。在圆柱坐标式结构中，手臂的最大工作长度决定其末端所能达到的圆柱表面。

3) 来回运动指机器人绕铅垂轴的转动。这种运动决定了机器人的手臂所能达到的角位置。

(2) 手腕的运动

1) 手腕旋转指手腕绕小臂轴线的转动。有些机器人限制其手腕转动角度小于 360°。另一些机器人则仅仅受到控制电缆缠绕圈数的限制。

2) 手腕弯曲指手腕的上下摆动。这种运动也称为俯仰。

3) 手腕侧摆指机器人手腕的水平摆动。手腕的旋转和俯仰两种运动结合起来可以构成侧摆运动。通常机器人的侧摆运动由一个单独的关节提供。

2.3　机身和臂部机构

2.3.1　机身结构

机身是直接连接、支承和传动手臂及行走机构的部件。它是由臂部运动（升降、平移、回转和俯仰）机构及有关的导向装置、支承件等组成。由于机器人的运动形式、使用条件、负载能力各不相同，所采用的驱动装置、传动机构、导向装置也不同，致使机身结构有很大差异。

一般情况下，实现臂部的升降、回转或俯仰等运动的驱动装置或传动件都安装在机身上。臂部的运动越多，机身的结构和受力越复杂。机身既可以是固定式的，也可以是行走式的，即在它的下部装有能行走的机构，可沿地面或架空轨道运行。常用的机身结构有升降回转型机身结构、俯仰型机身结构、直移型机身结构和类人机器人机身结构。

1）升降回转型机器人的机身主要由实现臂部的回转和升降运动的机构组成。机身的回转运动可采用回转轴液压（气）缸驱动、直线液压（气）缸驱动的传动链、蜗杆传动等。机身的升降运动可以采用直线缸驱动、丝杠-螺母机构驱动或直线缸驱动的连杆式升降台。

2）俯仰型机器人的机身主要由实现手臂左右回转和上下俯仰运动的部件组成，它用手臂的俯仰运动部件代替手臂的升降运动部件。俯仰运动大多采用摆动式直线缸驱动。

3）直线型机器人多为悬挂式的，其机身实际上就是悬挂手臂的横梁。为使手臂能沿横梁平移，除了要有驱动和传动机构外，还必须要有导轨。

4）类人机器人的机身上除装有驱动臂部的运动装置外，还应装有驱动腿部运动的装置和腰部关节。靠腿部和腰部的屈伸运动来实现升降，腰部关节实现左右和前后的俯仰和人身轴线方向的回转运动。

2.3.2 臂部结构

手臂部件（简称臂部）是机器人的主要执行部件，它的作用是支承腕部和手部，并带动它们在空间运动。机器人的臂部主要包括臂杆以及与其伸缩、屈伸或自转等运动有关的构件，如传动机构、驱动装置、导向定位装置、支承连接和位置检测元件等。此外，还有与腕部或手臂的运动和连接支承等有关的构件、配管配线等。

根据臂部的运动和布局、驱动方式、传动和导向装置的不同可分为伸缩型臂部结构、转动伸缩型臂部结构、屈伸型臂部结构和其他专用的机械传动臂部结构。

伸缩型臂部机构可由液压（气）缸驱动或直线电动机驱动；转动伸缩型臂部机构除了臂部做伸缩运动，还绕自身轴线转动，以使手部获得旋转运动。转动可用液压（气）缸驱动或机械传动。

2.3.3 机身和臂部的配置形式

机身和臂部的配置形式基本上反映了机器人的总体布局。由于机器人的运动要求、工作对象、作业环境和场地等因素的不同，出现了各种不同的配置形式。目前常用的有如下几种形式：

（1）横梁式　如图 2-5 所示，机身设计成横梁式，用于悬挂手臂部件，这类机器人的运

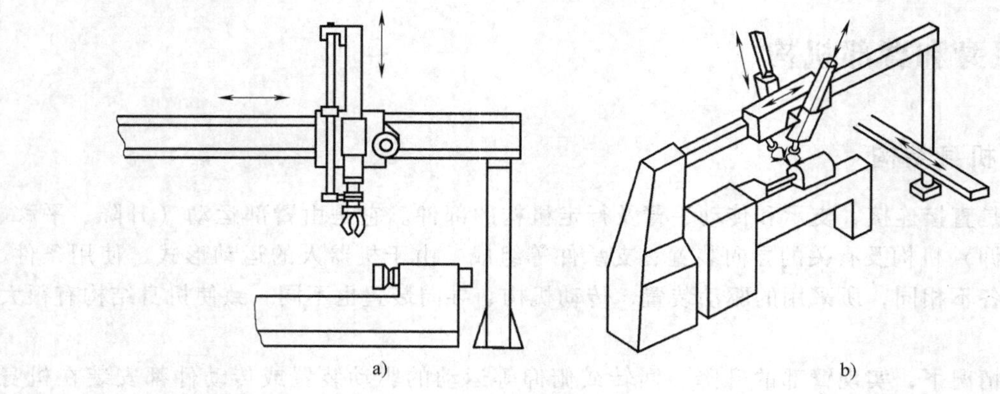

图 2-5　横梁式

a）单臂悬挂式　b）双臂悬挂式

动形式大多为移动式。它具有占地面积小、能有效利用空间、直观等优点。横梁可设计成固定的或行走的，一般横梁安装在厂房原有建筑的柱梁或有关设备上，也可从地面架设。

横梁上配置多个悬伸臂为多臂悬挂式，适用于刚性连接的自动生产线，用于工位间传送工件。

（2）立柱式　立柱式机器人多采用回转型、俯仰型或屈伸型的运动形式，是一种常见的配置形式。一般臂部都可在水平面内回转，具有占地面积小而工作范围大的特点。立柱可固定安装在空地上，也可以固定在床身上。立柱式机器人结构简单，服务于某种主机，承担上、下料或转运等工作。

1）单臂配置。固定的立柱上配置单个臂，一般臂部水平或倾斜安装在立柱的顶部。图2-6a 所示为立柱式浇注机器人，以平行四边形铰接的四连杆机构作为臂部，实现俯仰运动。浇包始终保持铅垂，该装置结构简单，稳定可靠。

2）双臂配置。多用于一只手实现上料，另一只手承担下料的场合。双臂对称布置，较平稳。两个悬挂臂的伸缩运动采用分别驱动方式，用来完成较大行程的提升与转位工作，如图 2-6b 所示。

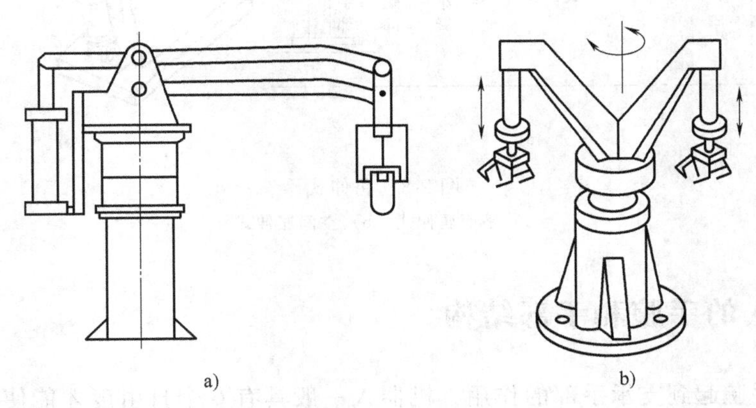

图 2-6　立柱式

a）单臂配置　b）双臂配置

（3）机座式　机身设计成机座式，这种机器人可以是独立的、自成系统的完整装置，可以随意安放和搬动，也可以具有行走机构，如沿地面上的专用轨道移动，以扩大其活动范围，如图 2-7 所示。各种运动形式的机器人均可设计成机座式。

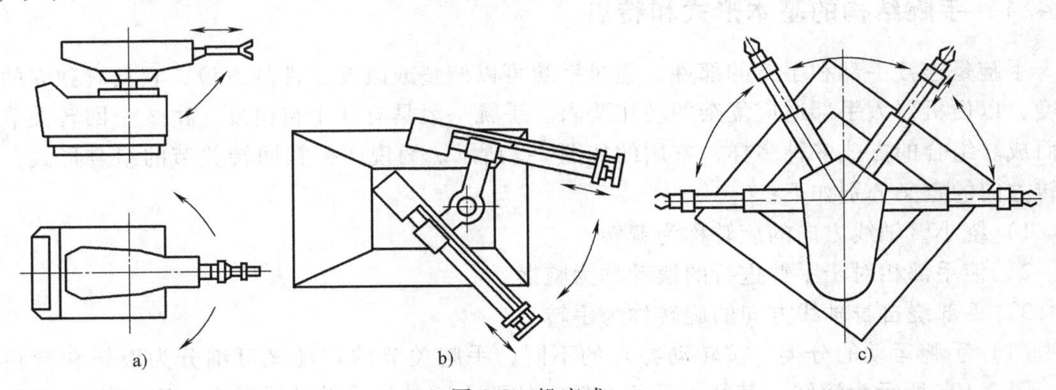

图 2-7　机座式

a）单臂回转式　b）双臂回转式　c）多臂回转式

（4）屈伸式　屈伸式机器人的臂部由大小臂组成，大小臂间有相对运动，称为屈伸臂。屈伸臂与机身间的配置形式关系到机器人的运动轨迹，可以实现平面运动，也可以实现空间运动，如图 2-8 所示。

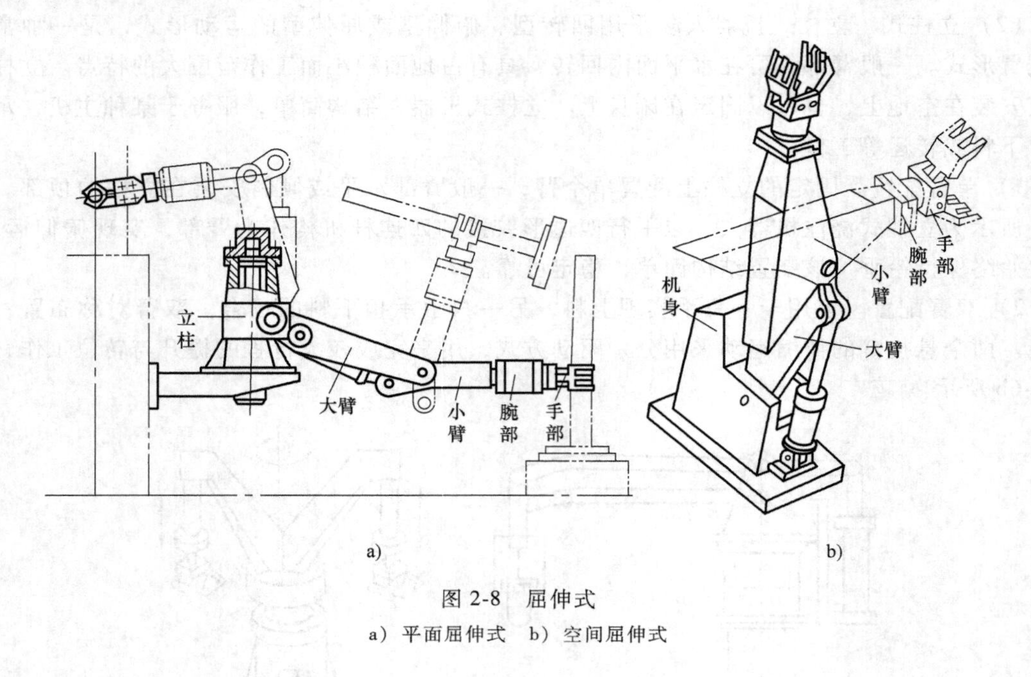

图 2-8　屈伸式

a）平面屈伸式　b）空间屈伸式

2.4　机器人的手腕和手部结构

机器人的手腕起到支承手部的作用，机器人一般具有 6 个自由度才能使手部（末端操作器）达到目标位置和处于期望的姿态，手腕上的自由度主要用于实现所期望的姿态。作为一种通用性较强的自动化作业设备，机器人的手部是直接执行作业任务的装置，大多数机器人手部的结构和尺寸都是根据其不同的作业任务要求来设计的，从而形成了多种多样的结构形式。

2.4.1　手腕结构的基本形式和特点

手腕是连接手部和手臂的部件，通过手腕可以调整或改变工件的方位，它具有独立的自由度，以便机器人手部适应复杂的动作要求。手腕一般具有 3 个自由度，由 3 个回转关节组合而成。组合的方式多种多样，常用的如图 2-9 所示。为说明手腕回转关节的组合形式，各回转方向的定义分别如下：

1）绕小臂轴线方向的旋转称为臂转。

2）使手部相对于手臂进行的摆动称为腕摆。

3）手部绕自身轴线方向的旋转称为手转。

（1）手腕运动的分类　按转动特点的不同，手腕关节的转动又可细分为滚转和弯转两种。图 2-10a 所示为滚转，其特点是相对转动的两个零件的回转轴线重合，因而能实现 360°无障碍旋转的关节运动，滚转通常用 R 来标记。图 2-10b 所示为弯转，其特点是两个零件的

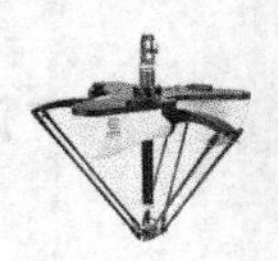

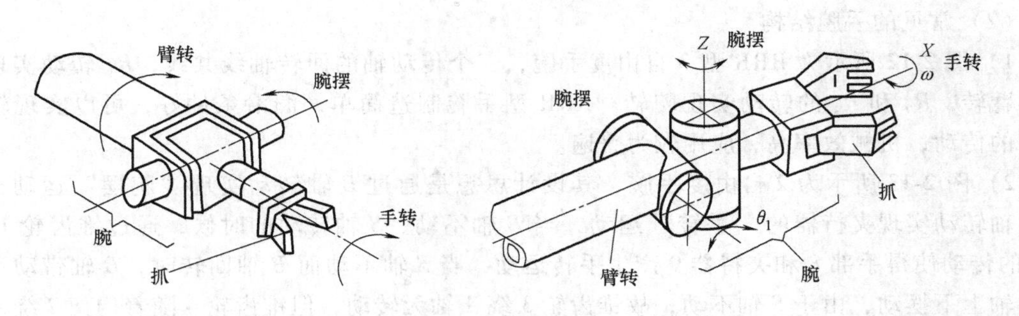

图 2-9　手腕回转运动的形式

转动轴线相互垂直，这种运动会受到结构的限制，相对转动角度一般小于 360°，弯转通常用 B 来标记。

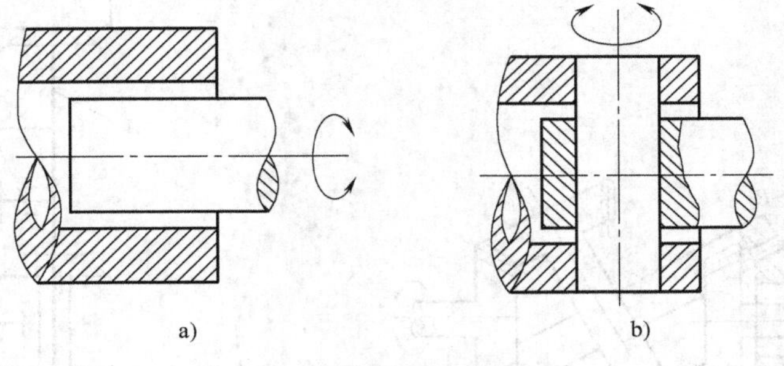

图 2-10　手腕回转运动的形式

a）滚转　b）弯转

根据使用要求，手腕的自由度不一定是 3 个，可以是 1 个、2 个或 3 个以上。手腕自由度的选用与机器人的通用性、加工工艺要求、工件放置方位和定位精度等因素有关。3 自由度手腕能使手部取得空间任意姿态，图 2-11 所示为 3 自由度手腕的组合形式。

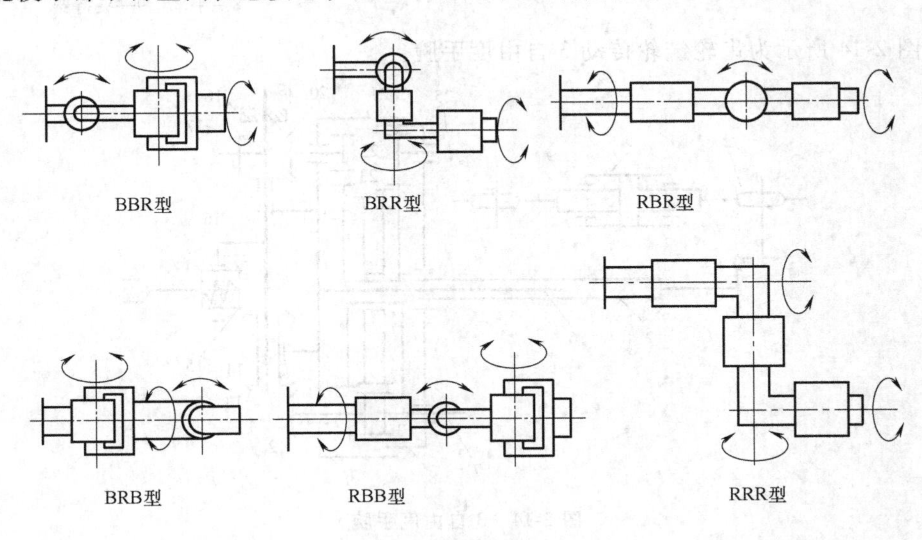

图 2-11　3 自由度手腕的组合形式

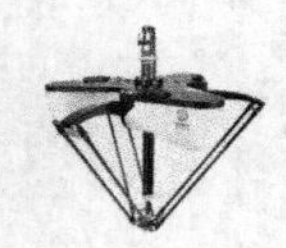

（2）常见的手腕结构

1）图 2-12 所示为RRR 型 3 自由度手腕，三个传动轴的回转轴线共线，R_1 转动实现手臂的臂转，R_2 和 R_3 的转动实现腕转。RRR 型手腕制造简单，润滑条件好，可以实现较远距离的传动，机械效率高，应用较为普遍。

2）图 2-13 所示为 2 自由度手腕，其设计思想是通过 *B* 轴转动实现“腕摆”运动，通过 *S* 轴转动实现夹持器的“手转”运动，当 *B* 轴不动、*S* 轴转动的时候，通过锥齿轮 1→2→4 的传动使得手部 8 和夹持器 9 产生手转运动，当 *S* 轴不动而 *B* 轴回转时，*B* 轴带动手腕绕 *A* 轴上下摆动，由于 *S* 轴不动，故锥齿轮 3 绕 *A* 轴无转动，但锥齿轮 4 随着构架 7 绕 *A* 轴转动的同时还绕 *C* 轴转动，从而带动手腕产生“手转”运动，这个运动称为手腕的附加回转运动。这种因“腕摆”运动而引起的“手转”运动被称为诱导运动。

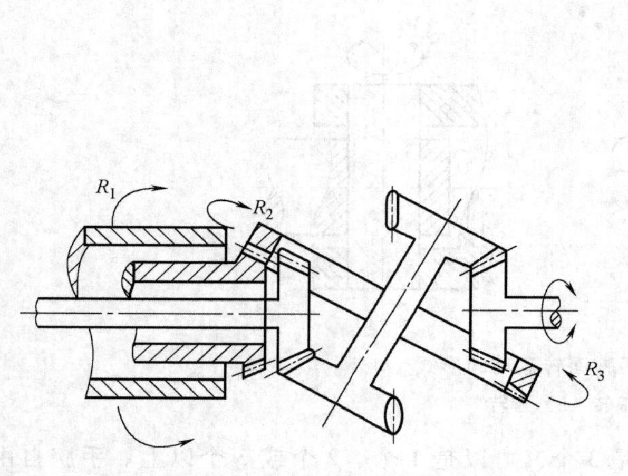

图 2-12　RRR 型 3 自由度手腕

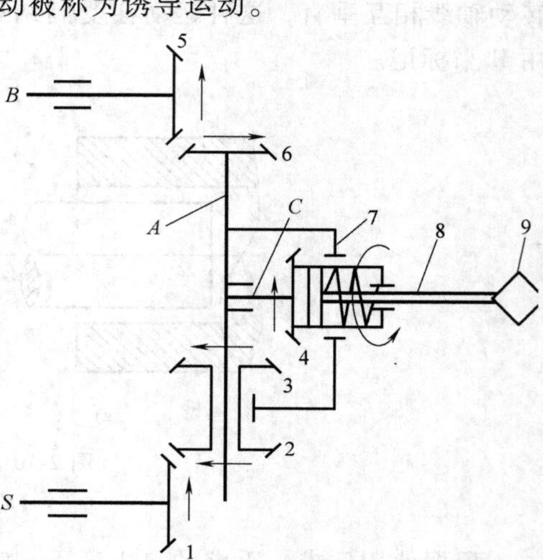

图 2-13　2 自由度手腕

1、2、3、4、5、6—锥齿轮　7—构架　8—手部　9—夹持器

3）图 2-14 所示为齿轮链轮传动 3 自由度手腕。

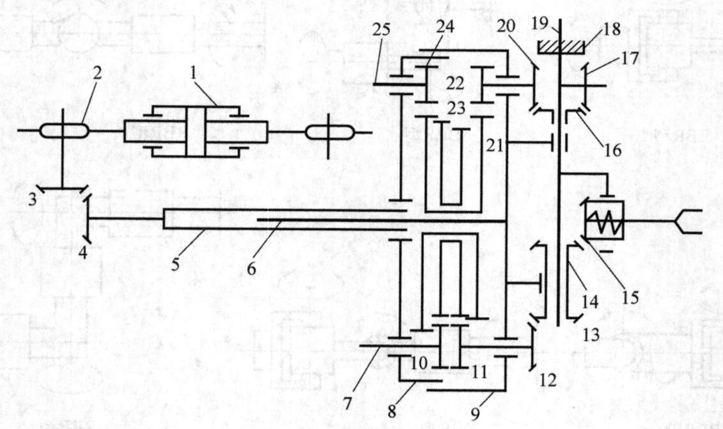

图 2-14　3 自由度手腕

1—液压缸　2—链轮　3、4—锥齿轮　5、6—外花键　7、25—传动轴　8—腕架　9—行星架　10、11、22、24—圆柱齿轮　12、13、14、15、16、17、18、20—锥齿轮　19—摆动轴　21、23—双联圆柱齿轮

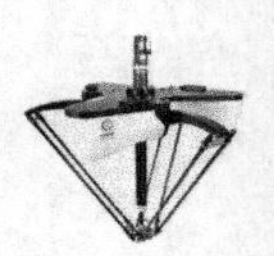

当行星架 9 固定不动时，该机构实现绕摆动轴 19 的“腕摆”运动路线为：传动轴 25→圆柱齿轮 24→双联圆柱齿轮 21→锥齿轮 20→锥齿轮 16→锥齿轮 17→手腕绕摆动轴 19 的摆动；实现“手转”的运动路线为：传动轴 7→圆柱齿轮 10→双联圆柱齿轮 23→圆柱齿轮 11→锥齿轮 12→锥齿轮 13→锥齿轮 14→夹持器的“手转”。

行星架 9 的运动为增加的腕部转动自由度，其运动路线为：液压缸 1 中的活塞左右移动→链轮 2 转动→锥齿轮 3 和 4→带动外花键 5 和 6 转动→行星架 9 的转动。当行星架 9 运动时，即使传动轴 7 和 25 均不绕腕架 8 运动，但由于圆柱齿轮 22 绕双联圆柱齿轮 21 和圆柱齿轮 11 绕双联圆柱齿轮 23 的转动，圆柱齿轮 22 的自转通过锥齿轮 20、16、17、18 传递到摆动轴 19，引起手腕绕轴 19 的“腕摆”运动。同样，圆柱齿轮 11 的自转通过锥齿轮 12、13、14、15 传递到夹持器产生“手转”运动。这两种运动均为行星架 9 运动产生的诱导运动，在设计时需要考虑进行补偿。

2.4.2 手部结构的基本形式和特点

人的手是由 5 个手指和手掌组成的，具有很高的灵活性，能够完成各种复杂的工作。机器人的手部按照用途可以当作作业工具或者类似人类手功能的工具来使用，需要应对复杂的工作环境。

如图 2-15 所示，机械手模仿人手的抓取功能，分别实现无手指关节的简单夹持、固定手指关节的夹持和有手指关节的夹持抓取等几种类型。

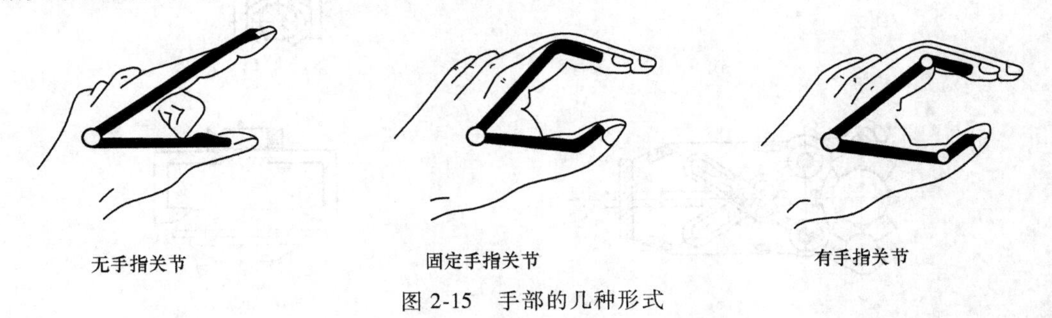

图 2-15 手部的几种形式

工业机器人的手部也称为末端操作器，它是装在机器人手腕上直接抓握工件或执行作业的部件。

（1）机械手常见类型和结构 机器人的手部是直接用于抓取和握紧（或吸附）工件或者夹持专用工具（如喷枪、扳手、焊接工具）进行操作的部件，它具有模仿人手动作的功能，安装于机器人手臂的前端。机器人手部大致可分为夹钳式取料手、吸附式取料手、仿生多指灵巧手等类型。

手爪的典型结构有以下几种：

1）机械手爪。机械手爪通常采用气动、液动、电动和电磁来驱动手指的开合。气动手爪应用广泛，具有结构简单、成本低、容易维修、开合迅速、重量轻等优点。但空气介质的可压缩性使爪钳位置控制比较复杂。液压驱动手爪成本较高。电动手爪的手指开合电动机控制与机器人控制可以共用一个系统，但是夹紧力比气动手爪、液压手爪小。电磁手爪控制信号简单，但是电磁夹紧力与爪钳行程有关，只用在开合距离小的场合。

图 2-16 所示为一种气动手爪，气缸 4 中的压缩空气推动活塞 3 使连杆齿条 2 做往复运

动，经扇形齿轮 1 带动平行四边形机构，使爪钳 5 平行地快速开合。

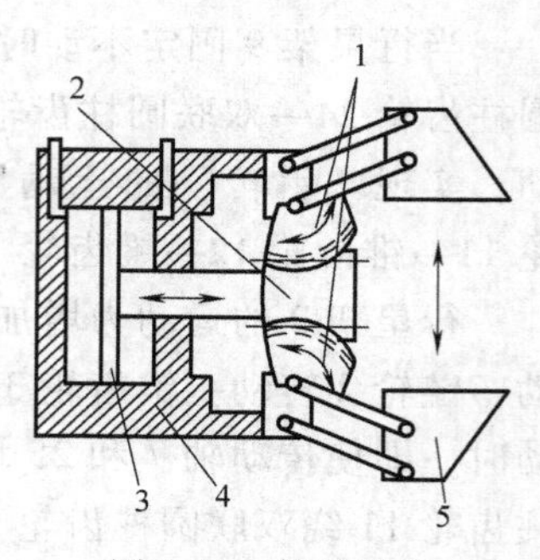

图 2-16 气动手爪

1—扇形齿轮 2—连杆齿条 3—活塞 4—气缸 5—爪钳

图 2-17 所示为常见的机械手爪传动机构，分别为齿轮齿条式手爪、拨杆杠杆式手爪、滑槽式手爪、重力式手爪。

2）磁力吸盘。磁力吸盘有电磁吸盘和永磁吸盘两种。磁力吸盘的特点是体积小，自重轻，吸持力强，可在水里使用。磁力吸盘广泛应用于工厂、码头、仓库等场合中对块状、圆柱形导磁性钢铁材料工件的搬运吊装，可大大提高工件装卸、搬运的效率，是一种理想的吊装工具。

在机器人手部装上电磁铁，通过磁场吸力把工件吸住，这种手爪称为电磁吸盘。图 2-18 所示为电磁吸盘的结构示意图。在线圈通电的瞬时，由于空气间隙的存在，磁阻很大，线圈的电感和起动电流很大，这时产生磁性吸力将工件吸住，断电时，磁吸力消失，工件松开。若采用永久磁铁作为吸盘，则必须强迫性地取下工件。电磁吸盘只能吸住铁磁材料制成的工件（如钢铁件），吸不住有色金属和非金属材料制成的工件。磁力吸盘的缺点是被吸取工件有剩磁，吸盘上常会吸附一些铁屑，致使不能可靠地吸住工件，而且磁力吸盘只适用于工件要求不高或有剩磁也无妨的场合。对于不允许有剩磁的工件（如钟表零件及仪表零件），不能选用磁力吸盘，可选用真空吸盘。另外，钢、铁等磁性物质在温度为 723℃ 以上时磁性会消失，故高温条件下不宜使用磁力吸盘。

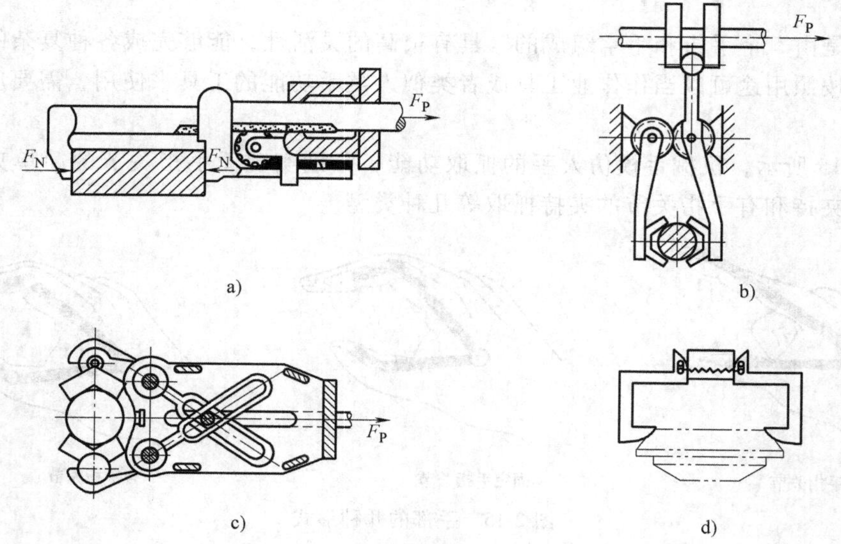

图 2-17 常见的机械手爪传动机构

a）齿轮齿条式手爪 b）拨杆杠杆式手爪 c）滑槽式手爪 d）重力式手爪

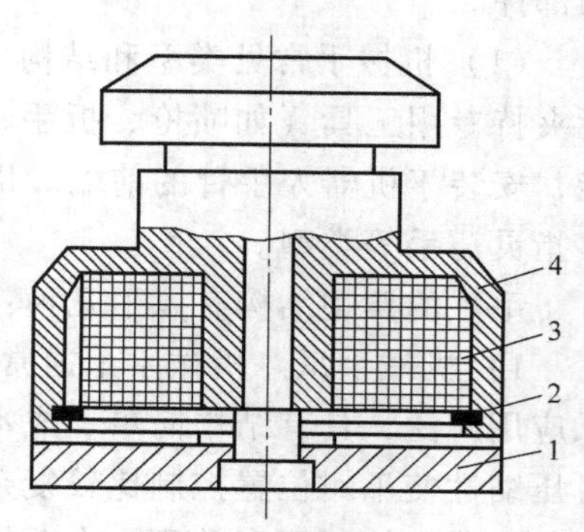

图 2-18 电磁吸盘的结构示意图

1—电磁吸盘 2—防尘盖 3—线圈 4—外壳体

磁力吸盘要求工件表面清洁、平整、干燥，以保证可

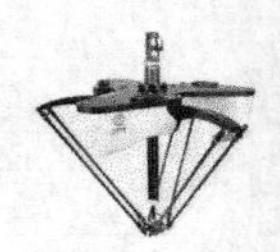

靠地吸附。磁力吸盘的设计主要是电磁吸盘中电磁铁吸力的计算以及铁心截面积、线圈导线直径和线圈匝数等参数的设计。要根据实际应用环境选择工作情况系数和安全系数。

3）仿生多指灵巧手。简单的夹钳式取料手不能适应物体外形的变化，不能使物体表面承受比较均匀的夹持力，因此，无法满足对复杂形状、不同材质的物体实施夹持和操作。为了提高机器人手爪和手腕的操作能力、灵活性和快速反应能力，使机器人能像人手一样进行各种复杂的作业，如装配作业、维修作业、设备操作以及机器人模特的礼仪手势等，就必须有一个运动灵活、动作多样的灵巧手。

图 2-19 所示为多关节柔性手，它能针对不同外形物体实施抓取，并使物体表面受力比较均匀，每个手指由多个关节串接而成。手指传动部分由牵引钢丝绳及摩擦滚轮组成。每个手指由 2 根钢丝绳牵引，一侧为握紧，另一侧为放松。驱动源可采用电动机驱动或液压、气动元件驱动。柔性手腕可抓取凹凸外形物体并使其受力较为均匀。柔性材料做成的柔性手一端固定，一端为自由的双管合一的柔性管状手爪。当一侧管内充入气体（液体），另一侧管抽出气体（液体）时，形成压力差，柔性手爪就向抽空侧弯曲。此种柔性手适用于抓取轻型、异形物体，如玻璃器皿等。

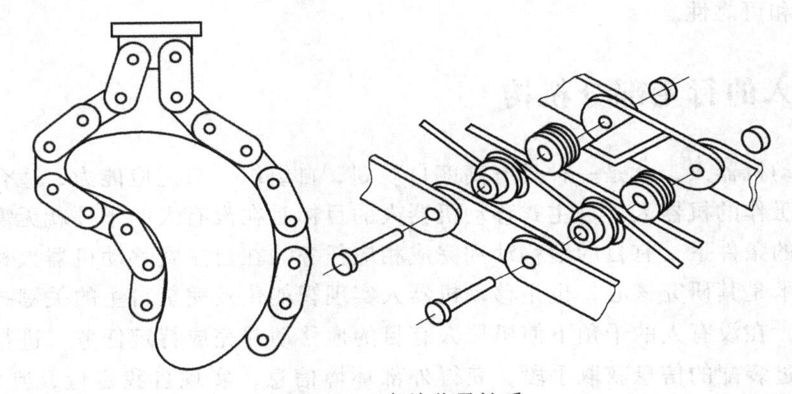

图 2-19　多关节柔性手

图 2-20 所示为三指机械手，其设计为多关节构造，三根手指连接在手掌上，指部具有屈伸运动功能，第 1 指具有 3 个自由度，第 2 和第 3 指分别具有 4 个自由度，手指各关节的

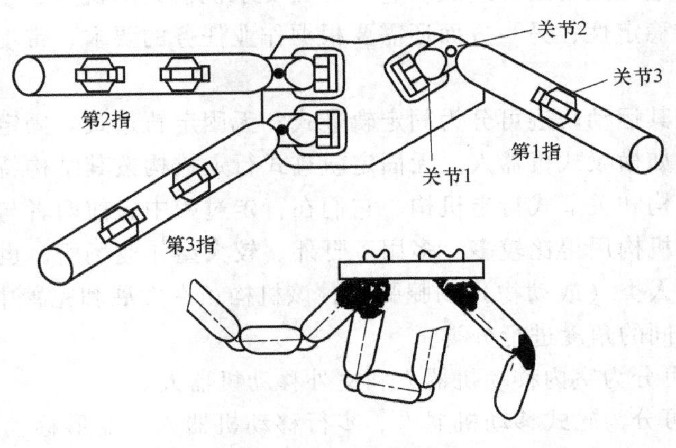

图 2-20　三指机械手

屈伸度为-45°~90°，可承受质量为500g，手指开闭的速度最大可达500~600°/s，总质量为240g。

（2）机器人手部的一般特点

1）手部与手腕相连处可拆卸。手部与手腕有机械接口，当机器人作业对象不同时，可以方便地拆卸和更换手部。

2）手部是工业机器人的末端操作器。它可以像人手那样具有手指，也可以是不具备手指的手；可以是类人的手爪，也可以是进行专业作业的工具，比如装在机器人手腕的喷漆枪、焊接工具等。

3）手部的通用性比较差。工业机器人手部通常是专用的装置，比如一种手爪往往只能抓握一种或几种在形状、尺寸、重量等方面相近似的工件，一种工具只能执行一种作业任务。

4）手部是一个独立的部件。假如把手腕归属于手臂，那么工业机器人机械系统的三大件就是机身、手臂和手部（末端操作器）。手部对于整个工业机器人来说是完成作业好坏、作业柔性好坏的关键部件之一。具有复杂感知能力的智能化手爪的出现，增加了工业机器人作业的灵活性和可靠性。

2.5 机器人的行走部分机构

所谓的移动机器人，就是一种具有高度自规划、自组织、自适应能力，适合在复杂的非结构化环境中工作的机器人。自主式移动机器人的目标是在没有人的干预就无需对环境作任何规定和改变的条件下，有目的地移动和完成相应任务。在自主式移动机器人相关技术的研究中，导航技术是其研究核心，也是移动机器人实现智能化及完全自主的关键技术。导航研究的目标就是：在没有人的干预下使机器人有目的地移动并完成特定任务，进行特定操作。

机器人通过装配的信息获取手段，获得外部环境信息，实现自我定位，判定自身状态，规划并执行下一步的动作。因此单从系统硬件层次上讲，移动机器人必须具有丰富的传感器、功能强大的控制计算机以及灵活和精确的驱动系统。

行走部分机构是移动机器人的重要执行部件，由行走部分的驱动装置、传动机构、位置检测元件、传感器、电缆及管路等组成。它一方面支承机器人的机身、手臂和手部，因此需要具备足够的刚度和稳定性；另一方面还需要根据作业任务的要求，带动机器人在更广阔的空间内运动。

行走部分机构按其运动轨迹可分为固定轨迹式和无固定轨迹式。固定轨迹式行走机构主要用于工业机器人，如横梁式机器人。无固定轨迹式行走机构按其结构特点可分为轮式行走机构、履带式行走机构和关节式行走机构。它们在行走过程中，前两者与地面连续接触，其形态为运行车式，该机构用得比较多，多用于野外、较大型作业场所，也比较成熟；后者与地面为间断接触，为人类（或动物）的腿脚式，该机构正在发展和完善中。

移动机器人按不同的角度进行分类：

1）按工作环境可分为室内移动机器人和室外移动机器人。

2）按移动方式可分为轮式移动机器人、步行移动机器人、蛇形移动机器人、履带式移动机器人、爬行机器人等。

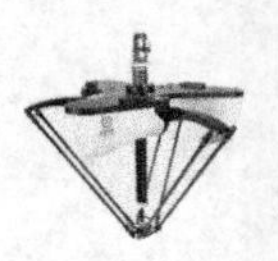

3）按控制体系结构可分为功能式（水平式）结构机器人、行为式（垂直式）结构机器人和混合式结构机器人。

4）按功能和用途可分为医疗机器人、军用机器人、助残机器人、清洁机器人等。

5）按作业空间可分为陆地移动机器人、水下机器人、无人机和空间机器人。

从最早出现的固定机器人到现在涌现的移动机器人，其移动机构的形式层出不穷，以美国、俄罗斯、法国和日本为代表的发达国家已经研制出了多种复杂奇特的三维移动机构，有的已经进入了实用化和商业化阶段。面对深空探测的挑战，对各种自主系统的研制是必需的，而移动机构又是各种自主系统的最基本和最关键的环节。

移动机器人的移动机构主要有轮式移动机构、履带式移动机构、足式移动机构、蛇行式移动机构和混合式移动机构等，以适应不同的环境和场合。一些仿生机器人，通常模仿某种生物的运动方式而采用相似的移动机构，如机器蛇采用蛇形移动机构，机器鱼则采用尾鳍推进式移动机构。其中，以轮式移动机构的效率最高，但适应能力相对较差；足式移动机构的适应能力最强，但其效率最低。

2.5.1 轮式移动机构

轮式移动机器人是移动机器人中应用最多的一种机器人，在相对平坦的地面用轮式移动方式是相当有效率的。车轮的形状或结构取决于地面的性质和车辆的承载能力。在轨道上运行的多采用实心钢轮，在室内路面运行的则多采用充气轮胎。轮式移动机构根据车轮的多少分为1轮、2轮、3轮、4轮和多轮移动机构。1轮及2轮移动机构在实现上的障碍主要是稳定性问题，所以实际应用的轮式移动机构多采用3轮和4轮。3轮移动机构一般是一个前轮、两个后轮，如图2-21a所示。其中，两个后轮独立驱动；前轮是万向轮，起支承作用；靠后轮的转速差实现转向。4轮移动机构应用最为广泛，4轮机构可采用不同的方式实现驱动和转向，即可以使用后轮分散驱动，也可以用连杆机构实现四轮同步转向，这种方式比起仅有前轮转向的车辆可实现更小的转弯半径，如图2-21b所示。

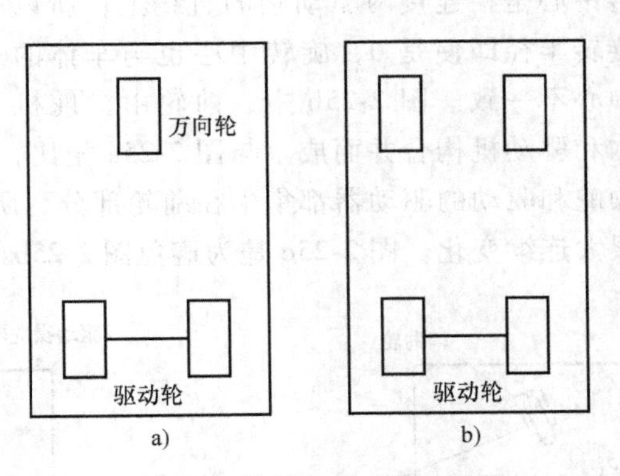

图2-21 常见的轮式移动机构
a）3轮移动机构 b）4轮移动机构

（1）车轮形式 轮式移动机器人的设计重点在其车轮上，通过车轮的滚动来实现移动。该类机器人车轮的形状或结构形式取决于地面性质和车辆的承载能力。

传统的车轮形状（图2-22）比较适合于平坦的坚硬路面。充气球轮（图2-23）比实心车轮弹性好，能吸收因路面不平而引起的冲击和振动。此外充气球轮与地面的接触面积较大，特别适合于沙丘地形。超轻金属线编织轮、半球形轮（图2-24）是为火星表面移动车辆开发而研制出来的，其中超轻金属线编织轮主要用来减轻移动机构的重量，减少升空时的发射功耗和运行功耗。

移动机器人车轮形式设计要考虑到的一个重要部分是全方位移动机构的实现，全方位移动机构能够在保持机体方位不变的前提下沿平面上任意方向移动。更进一步的，有些全方位车轮机构除具备全方位移动能力外，还可以像普通车辆那样改变机体方位。由于这种机构具有灵活操控性能，所以特别适用于窄小空间（通道）中的移动作业。

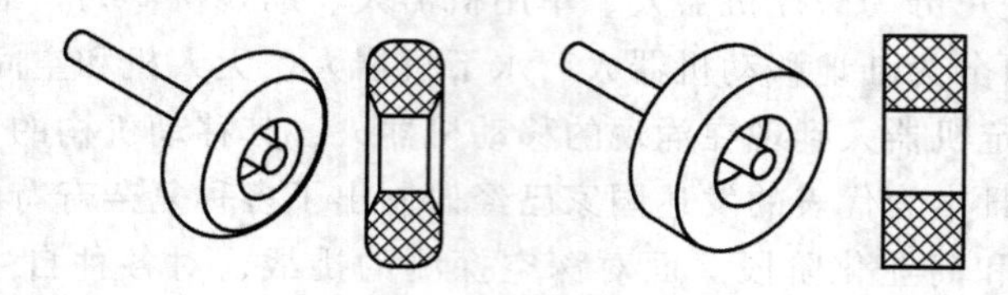

图 2-22　传统的车轮形状

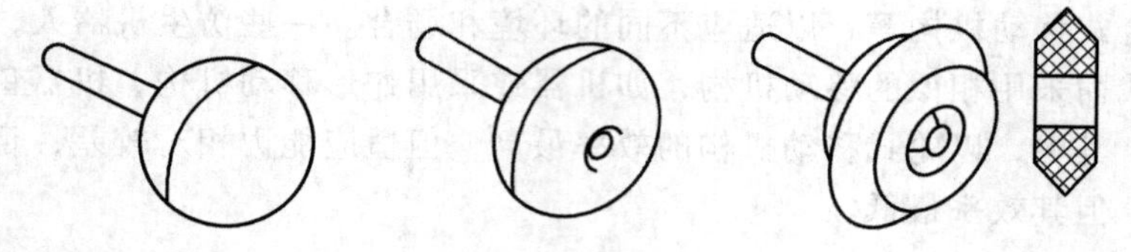

图 2-23　充气球轮

（2）车轮的配置和转向机构

1）3 轮式移动机构。3 轮式移动机构是车轮型机器人的基本移动机构。如图 2-25 所示，图 2-25a 中，后轮用 2 轮独立驱动，前轮为小脚轮构成的辅助轮，这种机构的特点是机构组成简单，而且旋转半径可从 0 到无限大，任意设定。但是它的旋转中心是在连接两驱动轴的直线上，所以旋转半径即使是 0，旋转中心也与车体的中心不一致。图 2-25b 中，前轮由操舵机构和驱动机构合并而成。与图 2-25a 相比，

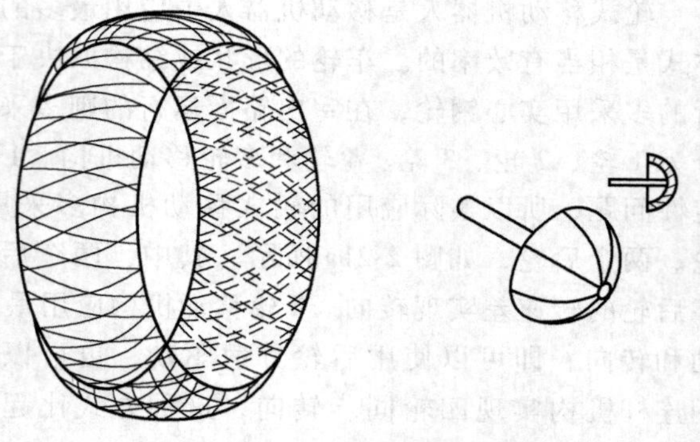

图 2-24　超轻金属线编织轮、半球形轮

操舵和驱动的驱动器都集中在前轮部分，所以机构复杂。这种机构的旋转半径可以从 0 到无限大连续变化。图 2-25c 是为避免图 2-25b 所示机构的缺点，通过差动齿轮进行驱动的方式。

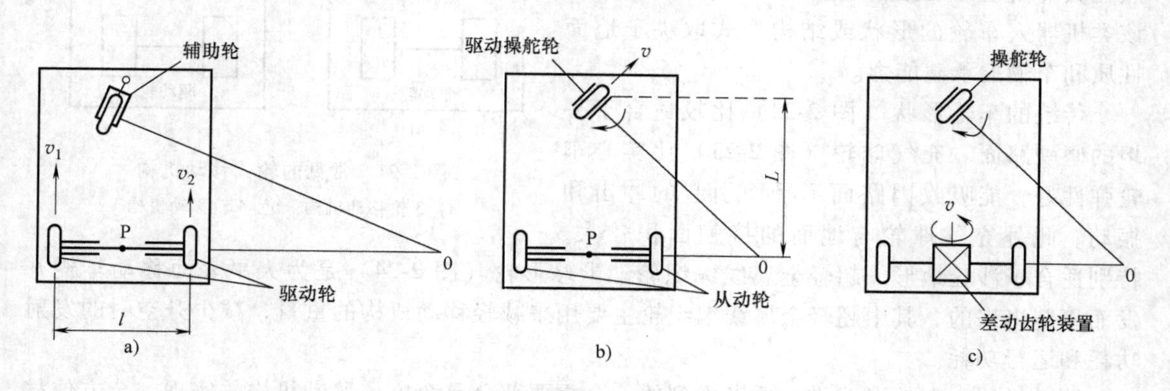

图 2-25　3 轮式移动机器人的结构

a）后轮用 2 轮独立驱动　b）前轮由操舵机构和驱动机构合并　c）差动齿轮驱动

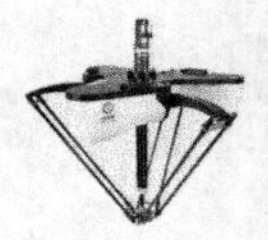

近来差动齿轮驱动逐渐被左右轮分别独立驱动的方法代替。

2）4轮式移动机构。4轮式移动机构的驱动机构和运动，基本上与3轮式相同。图2-26a所示为两轮独立驱动，前后带有辅助轮的方式。图2-26b所示为汽车方式，适用于高速行走，但用于低速的搬运时，由于费用不合算，所以小型机器人不大采用。

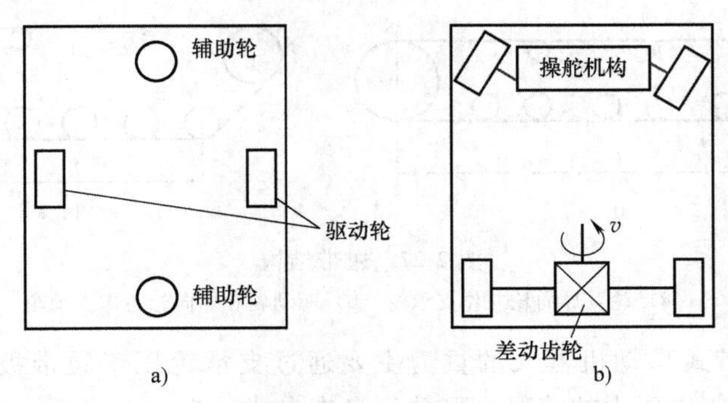

图2-26 轮车的驱动机构和运动

a）两轮独立驱动 b）汽车方式

实际应用的轮式移动机构多为3轮或4轮。3轮式移动机构具有一定的稳定性，要解决的主要问题是移动方向和速度的控制，代表性车轮配置方式是一个前轮、两个后轮。两个后轮独立驱动，前轮仅起支承作用。靠后两轮的转速差实现转向。也有采用前轮驱动前轮转向的方式，或后轮差动减速器驱动前轮转向的方式。对于两后轮独立驱动的机构，当两轮转速大小相等、方向相反时，可以实现整车灵活的零半径回转。但是如果要沿比较长的直线移动时，因两驱动轮的直径差和转速误差会影响到前轮的偏转，这时候采用前轮转向方式更合适。4轮式移动机构的应用则更为广泛，因为4轮式移动机构可采用不同的方式实现驱动和转向。

2.5.2 履带式移动机构

随着机器人技术的发展，轮式机器人能够满足某些特殊的性能要求，但是由于其结构自由度太多，控制比较复杂，应用受到一定的限制。综合比较，履带式移动机器人能够很好地适应地面的变化，因此对履带式移动机器人的研究得以蓬勃发展。履带式机构称为无限轨道方式，履带式移动机构是轮式移动机构的拓展，其最大特征是将圆环状的无限轨道履带卷绕在多个车轮上，使车轮不直接与路面接触，适合在未加工的天然路面上行走。

履带式移动机构与轮式移动机构相比具有如下特点：

1）支承面积大，接地比压小，路面保持力强，适合于松软或泥泞场地作业，下陷度小，滚动阻力小，通过性能较好，能登上较高的台阶。

2）越野机动性好，爬坡、越沟等性能均优于轮式移动机构。重心低，较稳定，并且转向半径极小，可以实现原地转向。

3）履带支承面上有履齿，不易打滑，牵引附着性能好，有利于发挥较大的牵引力。

4）具有良好的自复位和越障能力，带有履带臂的机器人还可以像足式机器人一样实现行走。

5）结构复杂，重量大，运动惯性大，减振性能差，零件易损坏。

（1）车体结构

1）履带机构的形状。履带机构主要有两种类型，图 2-27a 所示为驱动轮及导向轮兼作支承轮的结构，它可以增大支承面面积，改善稳定性。图 2-27b 所示为驱动轮和导向轮不作支承轮的结构，将驱动轮和导向轮只微量抬高，而不作为支承轮，好处是适合于穿越障碍。

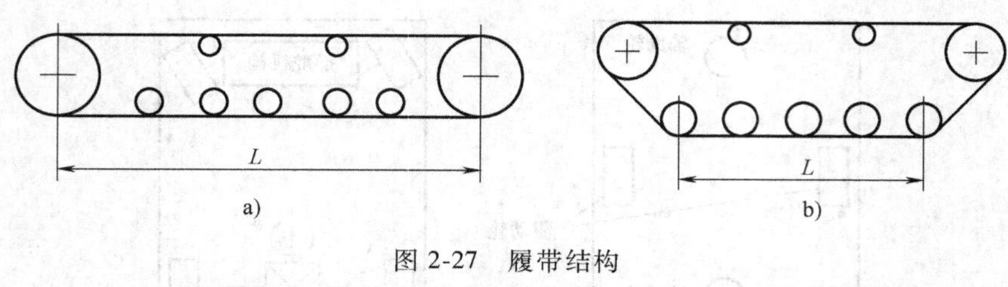

图 2-27　履带结构

a）驱动轮及导向轮兼作支承轮　b）驱动轮和导向轮不作支承轮

2）支承轮。履带式移动机器人的重力主要通过支承轮压于履带板的轨道传递到地面上，根据履带支承轮传递压力的情况，可分为多支点式和少支点式。

如图 2-28a 所示，多支点式一般具有 5~9 个支承轮，相邻两支承轮之间的距离小于履带节距的 1.5 倍。履带在支承轮之间不能弯曲，因而接地比压近似于均匀分布。多支点式的支承轮数目多，直径较小，通常固定支承于履带梁上。

如图 2-28b 所示，少支点式的支承轮数目少而直径大，运行阻力较小，但履带在支承轮之间的履带板数目大，可以有很大的弯曲，在支承轮下方的履带板受压很大，而其他履带板受压则较小。这样的装置适合于在石质土壤上工作。

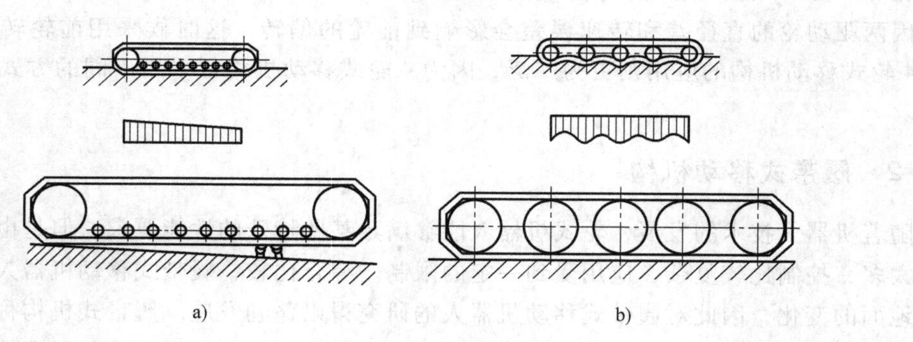

图 2-28　多支点式和少支点式的支承轮

a）多支点式　b）少支点式

3）托带板。托带板安装于履带上分支的下方，以减少履带的下垂量，保持它平稳运转。通常情况下，托带板用 2~3 个就够了。由于托带板只承受履带自重的载荷，所以它尺寸较小，结构比较简单。

4）履带板。每条履带是由几十块履带板和链轨等组成。其结构基本上可分为四部分：履带的下面为支承面，上面为链轨，中间为与驱动链轮相咬合的部分，两端为连接铰链。根据履带板的结构不同，履带板又可分为整体式和组合式，如图 2-29 所示。

5）驱动轮与导向轮。履带机构可分为前驱和后驱。履带两侧的导向轮哪一个用来驱动更为合适与履带机构的形状有关。

例如针对图 2-30 所示的情况，以驱动轮在后方比较有利，因为这时履带的上分支受力

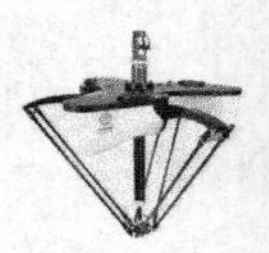

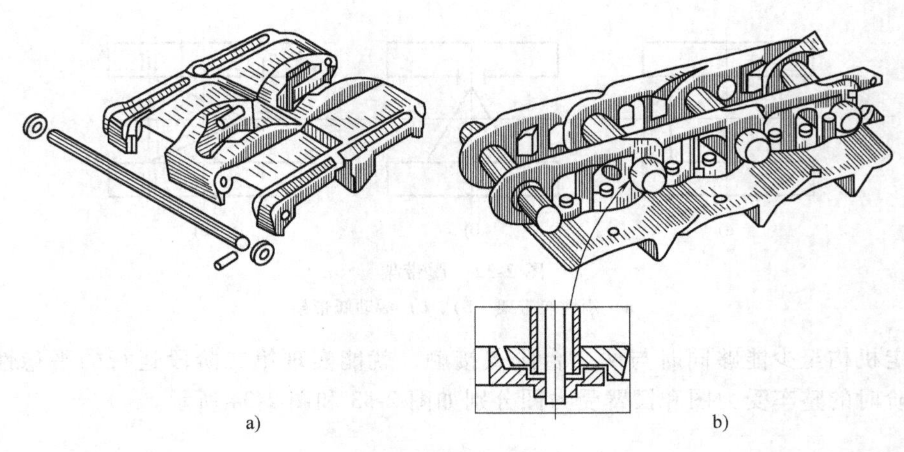

图 2-29 整体式和组合式履带板

a）整体式 b）组合式

较小，导向轮受力也较小，履带承载分支处于微张紧状态，运行阻力较小。而前轮为驱动轮时，履带的上分支及导向轮承载最大载荷，履带承载分支部分长度处于压缩弯折状态，运行阻力增大。

6）履带张紧装置。履带张紧装置是用来调整履带装置节距的。由于履带装置的节距在长期使用后会因磨损而增大，使轨链伸长，如不进行调整以保持一定的张紧程度，就易发生脱轨与掉链等情况，因而需要装设张紧装置。通常导向轮的轴承制成可以滑移的，用丝杠调整，调整距离略大于半个履带节距。履带机械式张紧装置如图 2-31 所示。

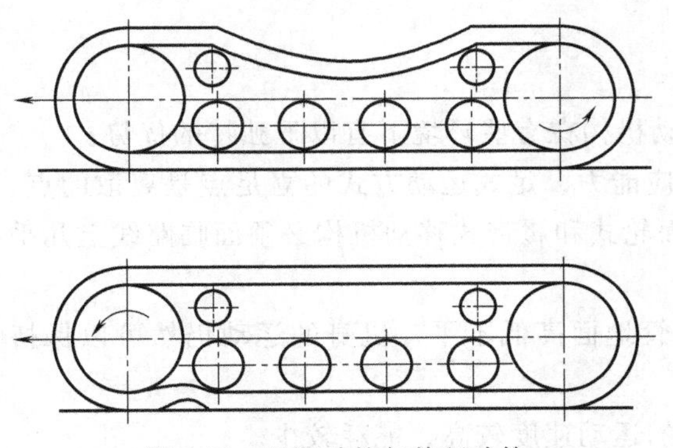

图 2-30 后驱动轮与前驱动轮

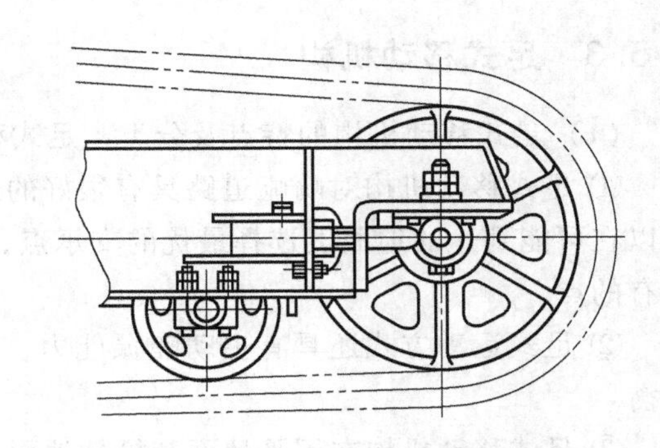

图 2-31 履带机械式张紧装置

7）履带架。履带移动机构的承载架称为履带架，可以制成刚性的，也可以制成活动的。刚性履带架如图 2-32a 所示，其优点是结构简单；缺点是当地面不平时，履带受力极不均匀。图 2-32b、c 所示的履带架可以大大改善载荷的不均匀，但结构比较复杂。

（2）越障原理 带有摆臂的关节式履带移动机器人的整个爬越障碍过程可以分成如下两个阶段：

1）先将两侧摆臂搭在台阶上，使车体在行走机构和摆动机构的共同作用下，顺利地爬到第二台阶，此时车体实现了地面、第一台阶、第二台阶的三点接触。

2）机器人只需要在行走机构的作用下如同上坡一样缓缓地向上爬。由此可以看出，只

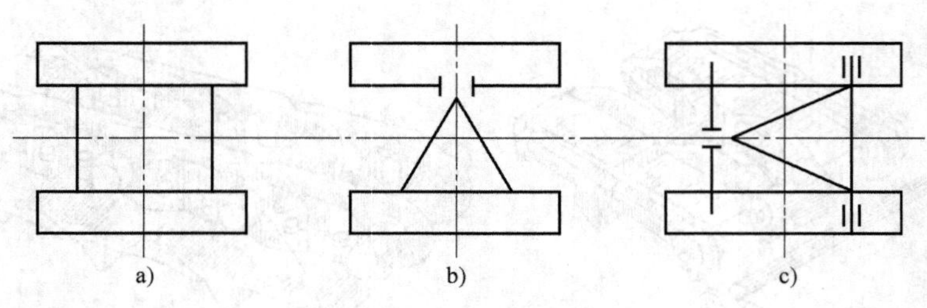

图 2-32 履带架

a）刚性履带架 b)、c）活动履带架

要保证行走机构至少能够同时与两个台阶点接触，就能实现第二阶段运行的平稳性和可靠性。爬台阶时的整车受力图和摆臂受力图分别如图 2-33 和图 2-34 所示。

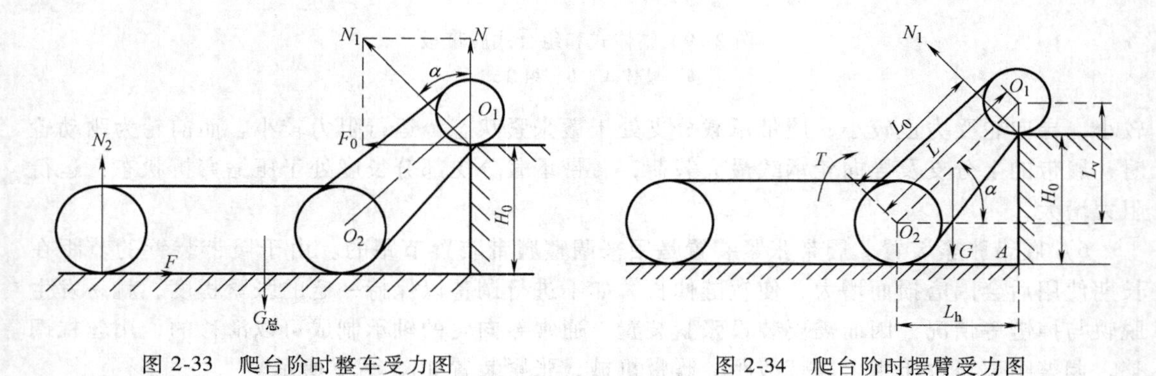

图 2-33 爬台阶时整车受力图　　图 2-34 爬台阶时摆臂受力图

2.5.3 足式移动机构

（1） 足式移动机构的特点及分类　足式移动机构在有些环境下有以下独特的优势：

① 足式移动机构对崎岖道路具有很好的适应能力，足式运动方式的立足点是离散的点，可以在可能到达的地面上选择最优的支承点，而轮式和履带式移动机构必须面临路线上几乎所有的点。

② 足式运动方式还具有主动隔振能力，尽管地面高低不平，机身的运动仍然可以保持平衡。

③ 足式移动机构在不平地面和松软地面上的运动速度较高，能耗较少。

现有的足式移动机器人的足数可以是 1 足、2 足、3 足、4 足、6 足、8 足，甚至更多。足的数目多，适合于重载和慢速运动。实际应用中，由于 2 足和 4 足具有良好的适应性和灵活性，所以用得最多。

足式移动机构一般分为 2 足行走机器人的机构和多足移动机器人的机构。

1） 2 足行走机器人的机构。2 足行走机器人属于类人机器人，典型特点是机器人的下肢以刚性构件通过转动副连接，模仿人类的腿及髋关节、膝关节和踝关节，并以执行装置代替肌肉，实现对身体的支承及连续地协调运动，各关节之间可以有一定角度的相对转动。与其他足式机器人相比，2 足机器人还具有如下的优点：

① 2 足机器人对步行环境的要求很低，能适应各种地面且具有较高的逾越障碍的能力，

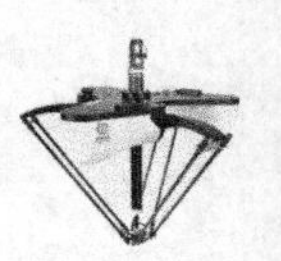

不仅能够在平面行走，而且能够方便地上下台阶及通过不平整、不规则或较窄的路面，故它的移动“盲区”很小。

② 2 足机器人具有广阔的工作空间，由于行走系统占地面积小，活动范围很大，其上配置的机械手具有更大的活动空间，也可使机械手臂设计得较为短小紧凑。

③ 2 足行走是生物界难度最大的步行动作，但其步行性能却是其他步行结构所无法比拟的。

此外，2 足行走机器人能够在人类的生活和工作环境中与人类协同工作，而不需要专门为其对环境进行大规模改造。因此，2 足行走机器人具有广阔的应用领域，特别是为残疾人（下肢瘫痪者或截肢者）提供室内和户外行走工具、在极限环境下代替人工作业等方面更是具有不可替代的作用。

2）多足步行机器人的机构。作为一种多支链运动机构，多足步行机器人不仅是一种拓扑运动结构，还是一种冗余驱动系统。一般而言，具有全方位机动性的多足步行机器人每条腿上至少有 3 个驱动关节，4 足步行机器人就至少有 12 个驱动关节，而 6 足步行机器人则至少有 18 个驱动关节。这样一来，机器人的驱动关节数远多于其机体的运动自由度数，这是轮式或履带式等移动机器人所不具备的特点。也正因为如此，多足步行机器人的移动机构和控制比一般移动机器人的机构和控制要复杂得多。

多足步行机器人是由机体和若干条腿所组成的。通常，机器人机体是一个规则平台，每条腿通过臀关节与机体相连。臀关节布置方式不同，机器人的机构及其运动特征就有所区别。图 2-35a 所示为类似爬行动物的 4 足机器人运动机构，图 2-35b 所示为类似爬行动物的 6 足机器人运动机构，图 2-35c 所示为类似哺乳动物的 4 足机器人运动机构。不难理解，当臀关节轴线和机器人机体平面平行时，机器人的运动形式类似于哺乳动物的运动形式；而当臀关节轴线和机体平面垂直时，机器人的运动形式类似于爬行动物的运动形式。

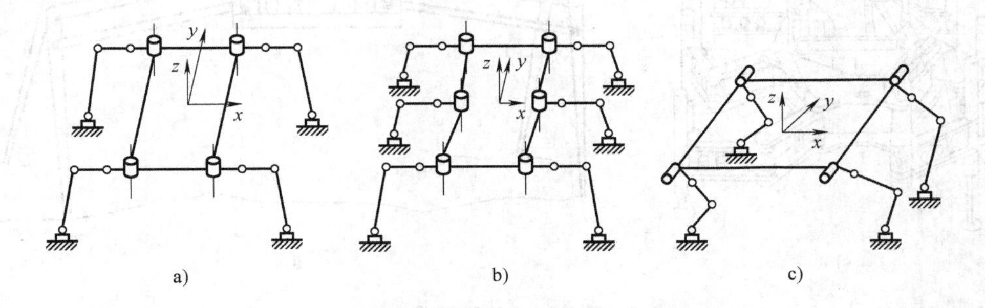

图 2-35 多足步行机器人的机构特征

a）类似爬行动物的 4 足机器人运动机构 b）类似爬行动物的 6 足机器人运动机构

c）类似哺乳动物的 4 足机器人运动机构

（2）步行机器人的腿结构 机器人的步行腿通常由一个平面连杆机构、臀关节机构和脚及其脚关节组成，脚关节是球铰，它具有三个转动自由度，这样整条腿就有六个自由度。每条腿上的主动关节通常都有驱动。由于机器人的重量主要集中在其机体上，臀关节连接着腿和机体，因此一般设计时都将机器人的结构重心与其几何中心尽可能重合。当脚与地面接触时，该腿定义为站立腿，并假设脚与地面的接触点在脚移开前是不变的。随着脚的移开，腿处于摆动状态，则该腿定义为摆动腿。

步行机器人的腿在行走过程中交替地支承机体的重量并在负重状态下推进机体向前运动，因此腿结构必须具备与整机重量相适应的刚性和承载能力。从结构要求来看，腿结构还不能过于复杂，杆件太多的腿机构形式会导致结构和传动的实现发生困难。

步行机器人的腿结构（或足）数可以是1足、2足、3足、4足、6足、8足甚至更多。其中偶数腿机构占绝大多数，因为就直线运动来说，偶数腿机构能产生有效的步态。

腿机构的配置指步行机器人的腿相对于机体的位置和方位的安排，这个问题对于多于2足时尤为重要。

步行机器人的腿结构分为开链机构和闭链机构，如图2-36所示。开链机构的特点是工作空间大，结构简单，但承载能力小。闭链机构一般刚性好，承载能力大，功耗较小，但工作空间有局限性。

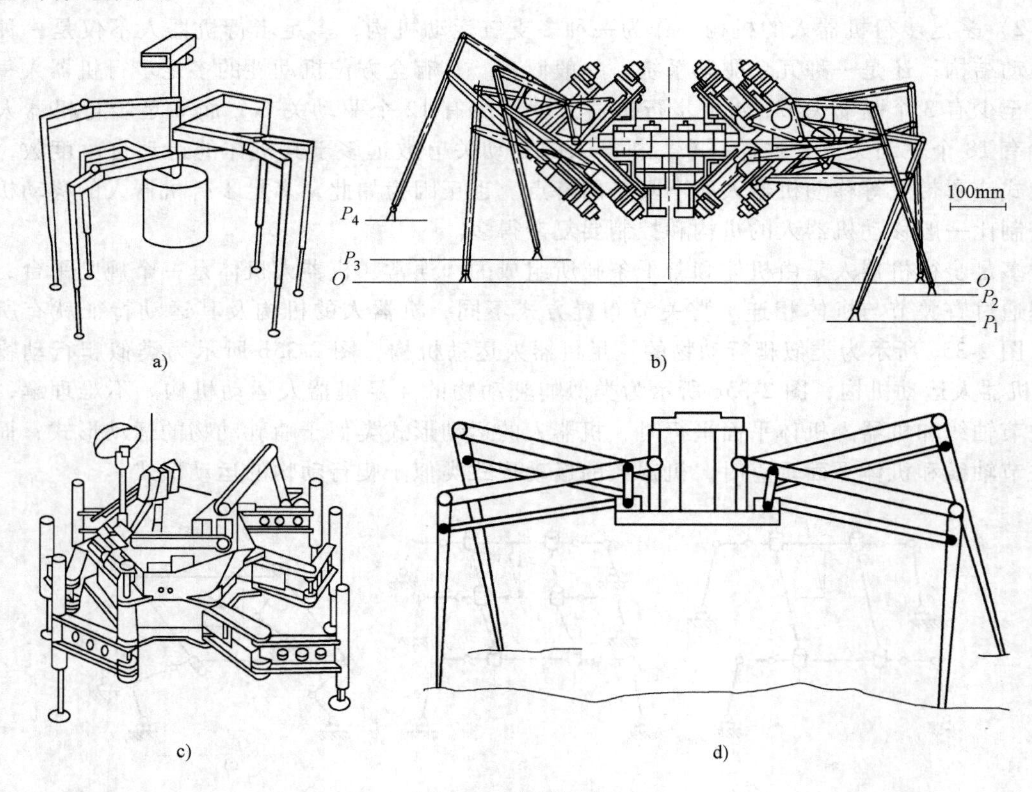

图2-36 多足机器人

a）卡内基-梅隆大学开发的6足开链步行机器人 b）日本东芝公司研制的6足闭链步行机器人
c）FMC公司开发的6足开链步行机器人 d）日本东京工业大学研制的4足闭链步行机器人

2.5.4 特殊移动机构

（1）壁面移动机构 随着机器人技术的进步和发展，壁面移动作业机器人正日益受到人们的重视。有关预测研究展示了这类机器人在以下方面有着广泛的应用前景：

1）建筑业：高层建筑内、外墙的涂装、检查和清洗等。

2）核工业：核介质储罐的无损检测、维修等。

3）造船业：大型船体的去污、喷涂、焊接等。

4）石化业：原油储罐内径检测、维护，大型煤气或其他化学介质容器的无损检测、维修等。

5）公用事业：高层建筑的灭火、救助等。

实现机器人壁面移动的方式主要有以下几种：

1）轮驱动轨行式。移动机构用车轮夹紧在壁面轨道两侧，当驱动轮旋转时，依靠车轮与轨道间的摩擦力实现上下移动，图2-37所示的这种机构实现容易，运行可靠，但对壁面有铺设导轨要求，而且移动方向受导轨的限制。

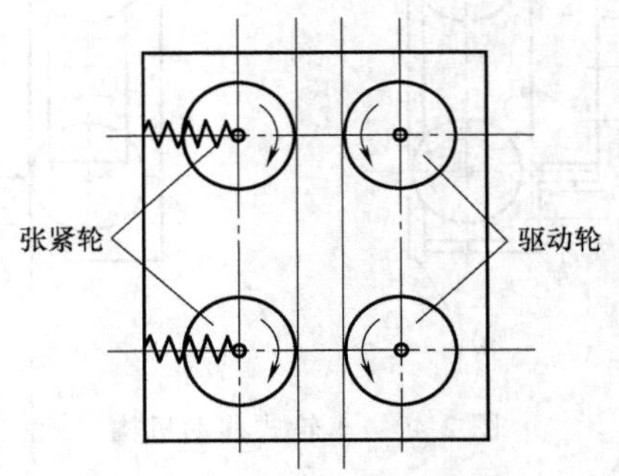

图2-37　轮驱动轨行式移动机构

2）索吊轨行式。为克服在壁面铺设导轨带来的不便，可考虑用张紧钢索作为导轨，如图2-38所示。它的主要缺点是钢索的横向刚度小，而且水平移动困难。

3）偏心扭摆式。偏心扭摆式双吸盘移动机构形式如图2-39a所示。当一个吸盘吸附时，另一个吸盘通过偏心机构扭摆一定的角度实现移动，两个吸盘交替工作达到行走目的。图2-39b所示为把其中一个吸盘扩大后得到的一种变形形式。偏心扭摆式移动机构的主要缺点是惯量大、行走效率低、速度慢。

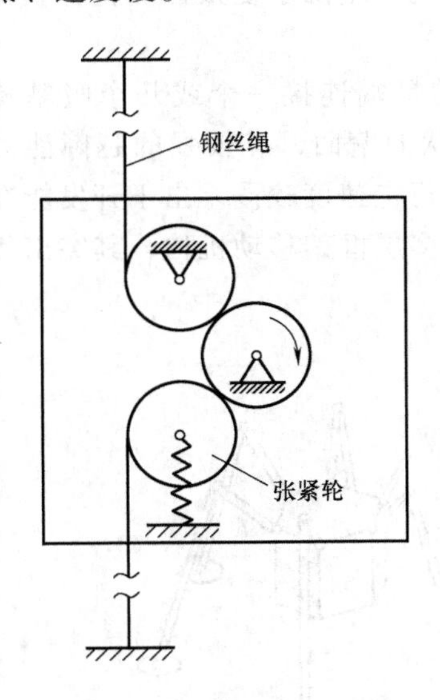

图2-38　索吊轨行式移动机构

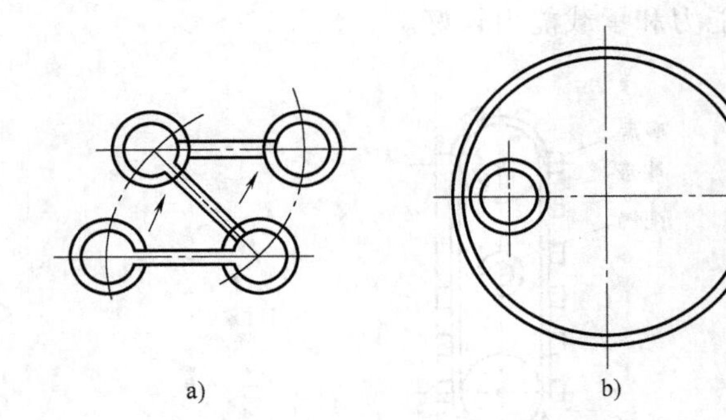

图2-39　偏心扭摆式移动机构

a）偏心扭摆式双吸盘移动机构形式　b）吸盘扩大变形形式

4）车轮式。车轮式移动机构依靠排风方式产生密封腔的负压以达到壁面吸附，行走功能由车轮机构实现。车轮可以采用普通车轮形式，如图2-40所示，也可采用全方位车轮形式。车轮式移动机构行走速度较快，但由于要保持密封腔的负压，导致跨越障碍的能力较弱。

5）多层框架式。在这种壁面移动机构中，两组吸盘用具有若干相对自由度的机构连接。当一组吸盘吸附工作时，另一组吸盘可以移动行走或转动方向。图 2-41a 所示为一种可沿正交两方向行走的机构方案，图 2-41b 所示为可以全方位行走的机构方案。这种机构具有较好的越障能力和承载能力，但行走速度较慢。

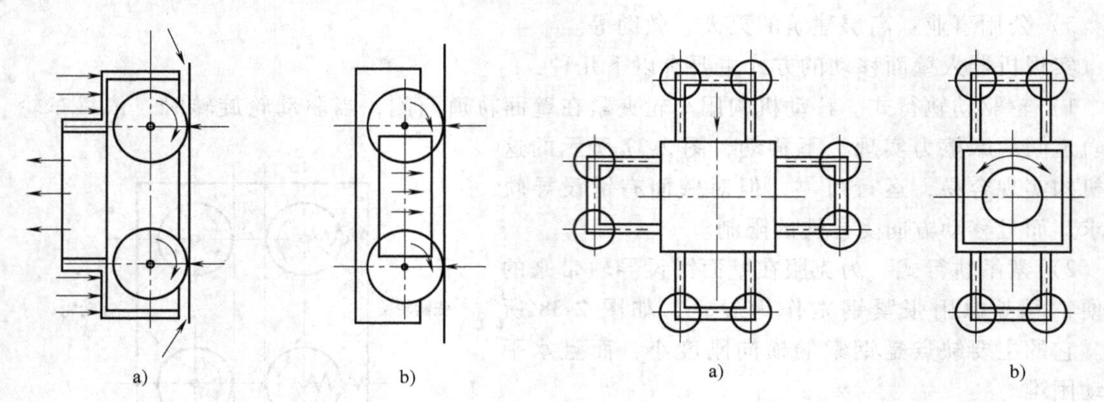

图 2-40　车轮式移动机构

图 2-41　多层框架式壁面移动机构
a）沿正交两方向行走的机构方案　b）全方位行走的机构方案

6）特种履带式。这种形式的壁面移动机构在履带上连接有多个吸盘，如图 2-42 所示，与壁面接触的吸盘处于有效吸附状态，不在壁面上的吸盘处于无效吸附状态。在机构的连续移动过程中，由于要求各吸盘的吸附状态按一定次序发生变化，因此，系统中需要有一套多通转阀形式的真空分配和控制装置，还要有防止缆管缠绕的机构，增加了复杂性。特种履带式壁面移动机构还可以采用滑移式真空分配与交换的机构形式。

7）独立驱动足式。多足式壁面移动机构是在多足机构的足端连接一个或几个吸掌构成，如图 2-43 所示。其优点是机动性较好，可以适应不同形状的壁面，有较强的越障能力等。但具有冗余自由度的多足运动协调控制有一定难度，而且行走速度较慢。出于开发能在带窗框障碍的幕墙玻璃面上全方位行走机构的考虑，可以采用多层框架移动机构，其突出优点是越障能力和承载能力较好。

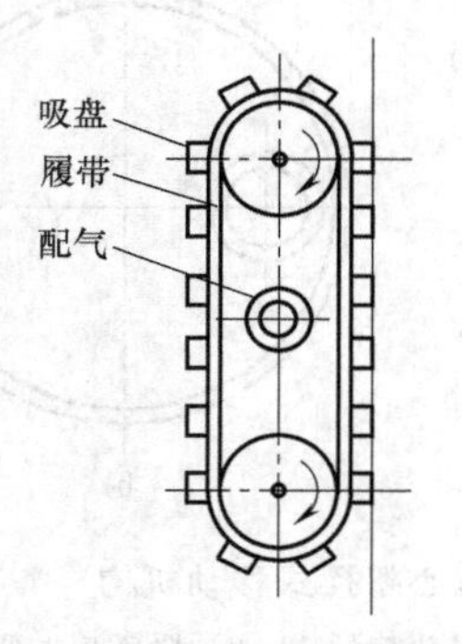

图 2-42　特种履带式壁面移动机构

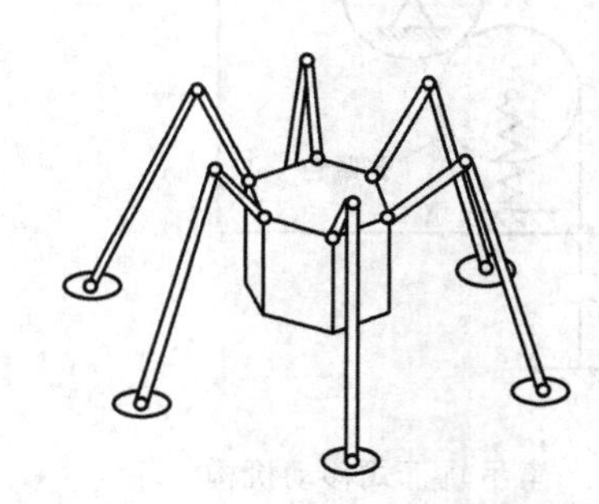

图 2-43　多足式壁面移动机构

（2）管内移动机构　管内移动机器人带着不同的工具可以实现对管道的检测、维护和修补工作。国外对管内移动机器人已有大量研究，目前的研究主要选用轮式、履带式移动机构。这种机构在移动过程中，轮子或履带始终与管壁接触，靠驱动轮与管壁间的附着力产生推动力。采用这种结构，移动过程中，当需要机构输出较大的牵引力时存在着驱动力、正压

力、摩擦力之间的矛盾，若机构的输出牵引力较小，会影响机构的性能。而管内移动机器人机构克服了轮式、履带式管内移动机构驱动力与驱动轮摩擦力之间的矛盾，机构的输出牵引力得到提高，适合在小口径管内行走，如图2-44所示。输出牵引力是管内移动机器人的一个重要的技术指标。

（3）蛇形移动机构　蛇形机器人可适应各种复杂地形，其性能优于传统的行走机构，在许多领域具有非常广泛的应用前景。如在有辐射、有粉尘、有毒的环境及战场环境执行侦察任务；在地震、塌方及火灾后的废墟中找寻伤员；在狭小和危险条件下探测和疏通管道等。

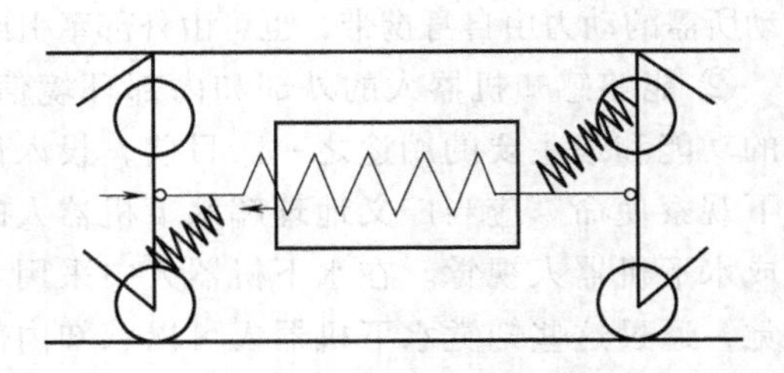

图2-44　管内移动机器人的机构模型

蛇形机器人本体是一种多关节串联机构，可以在各种环境中运动，并且当一端固定时可以实现操作。通过模仿生物蛇而设计的蛇形机器人本体是一无固定基座的多关节串联机构。相比于其他类型的移动机器人（如轮式、足式机器人等），蛇形机器人具有更好的环境适应能力，如穿行于狭窄的空间或适应不同的地形等。当蛇形机器人一端固定于基座时，机器人的机构和功能便发生了本质的变化，此时机器人变为冗余自由度机械臂（或蛇形机械臂），可实现操作功能。把蛇形机器人的移动和操作功能组合起来可使其应用于更多的领域，如灾难现场的搜索和营救、工业环境的检查和维修、星球探测与采样等。蛇形机器人移动时无固定基座、与环境交互等特点使其移动的动力学过程变得非常复杂，即运动的同一时刻同时存在着逆动力学过程与正动力学过程。

蛇形机器人（图2-45）由多个模块串联铰接而成，二维蛇形机器人每个关节对应一个自由度。

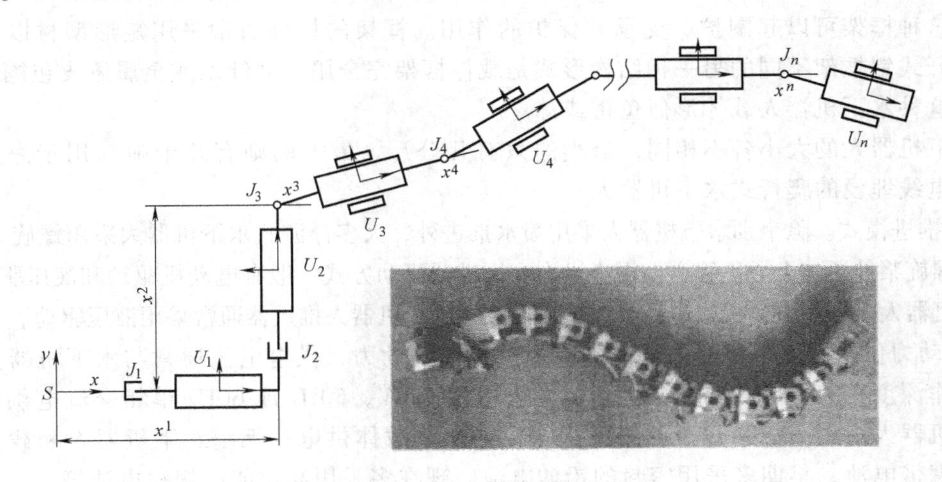

图2-45　蛇形机器人机构模型

（4）水下机器人　21世纪是海洋世纪，海洋占整个地球总表面的71%，无论从政治、经济还是从军事角度看，人类都要进一步扩大开发和利用具有丰富资源的海洋。水下机器人作为一种高新技术设备，在海洋开发和利用中扮演重要角色，其重要性不亚于宇宙火箭在探索宇宙空间时发挥的作用。

1）水下机器人的定义。水下机器人是一种可在水下移动，具有视觉和感知系统，通过遥控或自主操作方式，使用机械手或其他工具代替或辅助人去完成水下作业任务的装置。

2）水下机器人的基本特点。根据以上定义可以看出水下机器人具有4个基本特点：

① 可移动性。移动是指水下机器人在海底爬行，附着在结构物上行进或在海水中浮游。其运动所需的动力由自身携带，也可由外部牵引或通过电缆供给。其运动是在三维空间中进行的。

② 能够感知机器人的外部和内部环境信息。通过视觉观察水下世界是水下机器人最基本的功能和最主要的用途之一。目前，投入使用的遥控水下机器人中有半数以上被用于完成水下观察使命。应当广义地理解水下机器人的视觉，例如，使用光学和声学成像设备也可以组成水下机器人视觉。在水下机器人中采用了多种传感器，这些传感器构成了水下机器人的知觉，通过这些知觉水下机器人可以感知内部和外部环境信息。

③ 拥有完成使命所需的执行机构——机械手或其他作业工具。人们研制水下机器人的目的就是用它来代替人进入人类尚无法进入的恶劣环境中去执行某种使命。由于使命和作业对象的复杂性，必须设计许多专门的作业工具以应付不同的需要，机械手是最重要的工具。从完成使命的角度来看，显然机械手是水下机器人的主体和核心，机器人的其他硬件部分是为主体服务的。

④ 能自主地或在人的参与下完成水下作业。水下机器人拥有自己的“大脑”，通过“大脑”的思考、决策和指挥完成使命，显然这离不开计算机技术，特别是人工智能技术。

以上是水下机器人的4个主要特点。应当说明的是，这并不意味着任何一台机器人必须同时具备上述4个特点，因为在实际应用中，人们总是让水下机器人完成指定的任务，并非要将水下机器人的全部功能都用到。机器人上设备的种类是依据任务而定的。

3）水下机器人的结构。

① 载体结构特点。大多数水下机器人为长方体外形，开式金属框架，框架大多采用铝型材。这种框架可以起围护、支承和保护的作用。框架的构件通常采用矩形型材以便于安装。与开式铝框架不同的另一种结构形式是载体框架完全用玻璃纤维或金属蒙皮包围组成流线体，这种水下机器人载体形似鱼雷或球。

水下机器人的大小各不相同，最小的只有几公斤，最大的则有几十吨（用于海底管线和通信电线埋设的爬行式水下机器人）。

② 推进模式。除个别水下机器人采用喷水推进外，大多浮游式水下机器人采用螺旋桨推进，一般在螺旋桨外还加上导流管，以提高推力。推进器驱动方式一般有电动机驱动和液压驱动，小型水下机器人多采用电动机推进器，大功率作业型水下机器人推进器通常采用液压驱动。

③ 动力供给。水下机器人都由水面提供交流电动力，供电电压通常与水下机器人的功率和工作深度有关。一般中小型水下机器人采用220V，50Hz或60Hz单相交流电供电，大型水下机器人多用3000V以上的三相交流电向水下载体供电；无缆水下机器人和载人潜水器自身携带电池，早期多采用密封的铅酸电池，现在多采用高比能的银锌电池等。

④ 密封及耐压。水下机器人的密闭容器通常采用常压封装，相对于环境压力的密封一般采用O形圈密封，与陆地密封条件不同的是水下为外压密封，在设计中要特殊考虑。压力补偿技术是水下机器人常用的耐压密封技术，水下机器人设备（如液压系统、分线盒）内部充满介质（液压油、变压器油、硅脂等）。内部压力始终高于外部压力。带有补偿器可使水下容器的密封和耐压变得简单可靠，而且质量小。

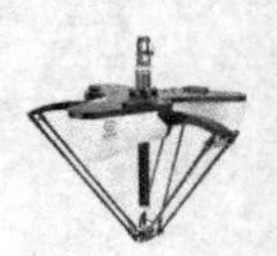

浮游式水下机器人采用浮力材料为载体提供浮力，以保证在水下的灵活运动。浮力材料通常采用高分子复合材料（发泡树脂或玻璃微珠），浮力材料要求密度小、耐压强度高、变形小、吸水率小。

⑤ 防腐技术。水下机器人载体材料多采用铝型材，铝表面在海水中的防腐一般采用硬质阳极氧化处理。为防止材料间的电化学反应，设计中避免在互相接触的表面采用电位差大的不同材料，如铜和铝。为减少电位腐蚀，铝框架一般采用镁块作为牺牲阳极。

（5）空中机器人

1）空间机器人。空间机器人是指在大气层内、外从事各种作业的机器人，包括在内层空间飞行并进行观测、可完成多种作业的飞行机器人，到外层空间其他星球上进行探测作业的星球探测机器人和在各种航天器里使用的机器人。

目前微型飞行器平台主要有固定翼、旋翼和扑翼三种。固定翼式微型飞行机器人相对来说最容易实现，是目前微型飞行机器人主要采用的飞行机构。

要研制出上述的微型飞行机器人，有如下重要的技术及工程问题需要解决：

① 需要研制出体积很小、质量极小的大功率高能量密度的发动机和电源。

② 要研究产生升力的新方法，解决在低雷诺数空气动力学环境下的飞行稳定与控制问题。

③ 飞行控制。

④ 发射方式。

2）星球探测机器人。星球探测是航天领域的一个重要的研究课题。目前，星球探测主要集中在月球探测和火星探测。为进行这些探测，人们研制出了多种类型的星球探测机器人。星球探测机器人也称为漫游车。

星球探测机器人所涉及的关键技术如下：

① 星球探测机器人在质量、尺寸和功耗等方面受到的严格限制；

② 星球探测机器人如何适应空间温度、宇宙射线、真空、反冲原子等苛刻的环境。

③ 如何建立一个易于操作的星球探测机器人系统。

3）航天器应用机器人。航天器应用机器人设计的关键技术有以下几方面：

① 机器人机构的润滑。

② 电气设备。

③ 图像处理。

④ 控制系统。

习　题

1. 机器人的主要技术参数有哪些？
2. 机器人的机械结构组成有哪些？
3. 机器人机构的运动有哪些？
4. 机器人机身与臂部的配置形式有哪些？
5. 简单描述机器人手部结构的基本形式。
6. 简单描述机器人腕部结构的基本形式。
7. 机器人的行走机构有哪些形式？

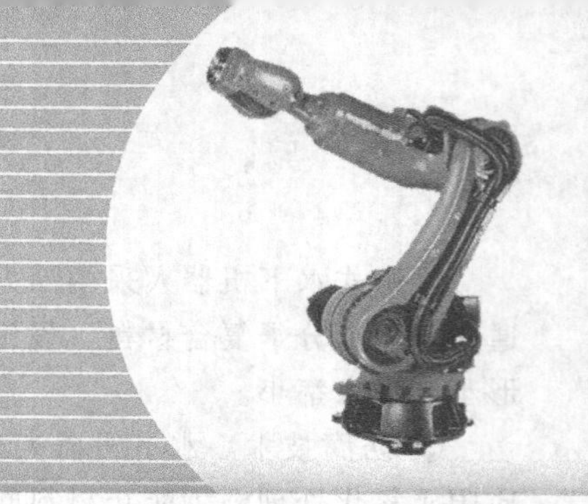

第3章 机器人的感觉系统

机器人如果拥有了和人类一样的感觉系统，就能更好地完成各种工作。尽管过去大多数机器人并没有对外感知能力，它们也能完成各种各样的任务，但如果这些机器人具备了感觉，它们不但能够更好地完成这些任务，而且能够完成更多更重要的任务。

为了说明感觉系统对机器人的重要性，可以把机器人和人类进行工作的情况做一个比较。人类具有相当强的对外感知能力，尽管有时人的动作并不十分准确，但是人可以依靠自己的感觉反馈来调整或补偿动作精度的不足。另一方面，人类的工作对象有时是很复杂的，例如，当人抓取物体时，该物体的大小和软硬程度不可能是绝对相同的，有时差别甚至比较大，但人能依靠自己的感觉用恰当的夹持力抓起这个物体并且不损坏它，所以有感觉才能适应工作对象的复杂性，才能有效地完成工作任务。过去，由于机器人没有感觉，唯一的办法就是提高它的动作精度并限制工作对象的复杂程度。但是，动作精度的提高受到了各方面的限制，不可能无限制地提高；工作对象的复杂程度有时也是很难限制的。所以，要使机器人完成更多的任务或者工作得更好，使机器人具有感觉是十分必要的。

机器人也和人类一样，必须收集周围环境的大量信息，才能更有效地工作。在抓取物体的时候，它们需要知道该物体是否已经被抓住，否则下一步的工作就无法进行。当机器人手臂在进行空间运动的时候，它必须避开各种障碍物，并以一定的速度接近工作对象。机器人所要处理的工作对象有的质量很大，有的容易破碎，有的温度很高，所有这些特征和环境情况一样，都要机器人进行识别并通过计算机处理确定相应的对策，使机器人更好地完成工作任务。

以机器人焊接加工为例，焊接是沿焊缝把被焊接件连接在一起。假如机器人没有感知能力，不能自行观察焊接过程，那么只能在机器人预编程时精确地输入焊接位置。在这种情况下，实际焊接时不允许有误差，机器人的运行轨迹也不允许有误差，否则就会出现误焊。这样必然对机器人和被焊接件提出更高的要求，这些要求有时是很难达到的。为此，人们开始在焊接机器人上装备感觉系统，例如焊缝自动跟踪系统。一旦焊接机器人偏离实际被焊接件的焊缝，焊缝自动跟踪系统将反馈偏离信息，焊接机器人允许被焊接件及其焊缝存在一定的误差，焊接机器人的运动轨迹精度也不需要太高。由此可见，采用机器人感觉系统将有助于降低机器人的工作精度要求，并提高其工作适应能力和扩大其应用范围。

机器人的感觉系统通常是由多种传感器组成的。传感器是一种将被测的非电物理量转换成与之对应的、易于精确处理的电量或电参数输出的一种测量装置。一般传感器由敏感元件、转换元件和转换电路等组成。敏感元件直接感受被测量，并输出与被测量构成有确定关系、更易于转换的某一物理量。转换元件将敏感元件感受或响应的被测量转换成适于传输或

测量的电信号。而转换电路则是将转换元件输出的电信号变换为便于处理、显示、记录、控制和传输的可用电信号。目前，机器人中使用较多的传感器有压力传感器、温度传感器、位移传感器、测速传感器、图像传感器等，这些传感器共同组成了机器人的感觉系统。

3.1 机器人传感器的选择要求

目前传感器的种类数不胜数，但并不是所有的传感器都能用于机器人，因为机器人用的传感器的要求比较严格，且机器人的控制系统是由计算机控制的，传感器的输出信号必须是电信号。

机器人传感器的选择包括三个方面：一是传感器的类型选择；二是传感器性能指标的确定；三是传感器物理特征的选择。

3.1.1 机器人传感器类型的选择

（1）从机器人对传感器的需要来选择 机器人需要的最重要的感觉可分为以下几类：

1）简单触觉：确定工作对象是否存在。

2）复合触觉：确定工作对象是否存在以及它的尺寸和形状等。

3）简单力觉：沿一个方向测量力。

4）复合力觉：沿一个以上方向测量力。

5）接近觉：对工作对象的非接触探测等。

6）简单视觉：孔、边、拐角等的检测。

7）复合视觉：识别工作对象的形状等。

除了上述感觉以外，机器人有时还需要感知温度、湿度、压力、滑动量、化学性质等。

机器人对传感器的一般要求是：

1）精度高，重复性好。机器人传感器的精度直接影响机器人的工作质量。用于检测和控制机器人运动的传感器是控制机器人定位精度的基础。机器人是否能够准备无误地正常工作，往往取决于传感器的测量精度。

2）稳定性好，可靠性高。机器人传感器的稳定性和可靠性是保证机器人长期稳定可靠地工作的必要条件。机器人经常是在无人照管的条件下代替人工操作的，一旦它在工作中出现故障，轻则影响生产的正常进行，重则造成严重的事故。

3）抗干扰能力强。机器人传感器的工作环境往往比较恶劣，机器人传感器应当能够承受强电磁干扰、强振动，并能够在一定的高温、高压、重污染环境中正常工作。

4）重量轻、体积小、安装方便可靠。对于安装在机器人手臂等运动部件上的传感器，重量要轻，否则会加大运动部件的惯性，影响机器人的运动性能。对于工作空间受到某种限制的机器人，体积和安装方向的要求也是必不可少的。

5）价格便宜。

（2）从加工任务的要求来选择 在现代工业中，机器人被用于执行各种加工任务，其中比较常见的加工任务有物料搬运、装配、喷漆、焊接、检验等。不同的加工任务对机器人提出了不同的要求。

搬运机器人所需要的感觉系统有视觉系统、接触觉系统和力觉系统等。视觉系统主要用于被拾取零件的粗定位，使机器人能够根据需要寻找应该拾取的零件，并把该零件的大致位置告诉机器人，常用传感器有图像传感器、位置传感器等。接触觉系统的作用包括感知被拾取零件的存在、确定该零件的准确位置和确定该零件的方向，接触觉系统有助于机器人更加可靠地拾取零件，常用传感器有微动开关等。力觉系统主要用于控制搬运机器人的夹持力，防止机器人手爪损坏被拾取的零件，常用传感器有应变片、压阻式传感器等。

装配机器人对传感器的要求类似于搬运机器人。通常，装配机器人对工作位置的精度要求更高，这就要依靠机器人的感觉系统解决这个问题，即采用机器人视觉系统、接触觉系统和力觉系统来控制机器人装配操作。装配机器人在进行装配工作时，首先运用视觉系统选择合适的装配零件，并对它们进行粗定位；接触觉系统和力觉系统能够自动校正装配位置。

喷漆机器人一般需要采用两种传感系统：一种主要用于位置（或速度）的检测，另一种用于工作对象的识别。用于位置检测的传感器包括光学传感器、速度传感器、超声波传感器等。当待漆工件进入喷漆机器人的工作范围时，光学传感器根据光线变化产生电信号并发送给控制器，控制器让机器人开始喷漆操作。速度传感器用于监测机器人的喷漆运动速度，以满足正常的喷漆工作要求。超声波传感器不仅可以用于检测待漆工件的位置，而且可以用来监视机器人及其周围设备的相对位置变化，以免发生相互碰撞。一旦机器人末端操作器与周围物体发生碰撞，保护装置会自动切断机器人的动力源，以减少不必要的损失。

喷漆机器人中，传感器的另一个任务是对零件进行识别。现代生产经常采用多品种混合加工的生产方式，喷漆机器人要能够同时对不同种类的工件进行喷漆加工。因此当待漆工件进入喷漆作业区时，机器人需要识别该工件的类型，然后从存储器中调用相应的加工程序进行喷漆。用于执行这项任务的传感器有阵列式压力传感器和图像传感器。由于制造水平的限制，阵列式压力传感器只能识别那些形状比较简单的工件，较复杂工件的识别需要图像传感器。

焊接机器人包括点焊机器人和弧焊机器人两大类。这两类机器人都需要采用位置传感器和速度传感器对运动进行控制。位置传感器主要采用相对式光电编码器，也可以采用较精密的电位器式位移传感器。速度传感器目前主要采用测速发电机，其中交流测速发电机的线性度比较高，且正向输出特性与反向输出特性比较对称，比直流测速发电机更适合于弧焊机器人使用。为了检测点焊机器人与被焊接件的接近情况，控制点焊机器人的运动速度，点焊机器人还需要具有接近觉，实现接近觉一般采用光学传感器、超声波传感器、红外光传感器等。

（3）从机器人控制的要求来选择　机器人控制需要采用传感器检测机器人的运动位置、速度、加速度。除了较简单的开环控制机器人外，多数机器人都采用了位置传感器作为闭环控制中的反馈元件。机器人根据位置传感器反馈的位置信息，对机器人的运动误差进行补偿。不少机器人还装备有速度传感器和加速度传感器。速度传感器用于预测机器人的运动时间，计算和控制由离心力引起的变形误差。加速度传感器可以检测机器人构件的加速度，使控制系统能够补偿加速度引起的变形误差。

（4）从辅助工作的要求来选择　工业机器人在从事某些辅助工作时，也要具有感觉系统。这些辅助工作包括产品的检验和工件的准备等。

机器人在外观检验中的应用日益增多。机器人在这方面主要用于检查是否存在毛刺、裂缝或孔洞，确定表面粗糙度，检查装配体的完成情况以及确定装配精度等。在外观检验中，

机器人主要需要视觉系统，有时也需要其他类型的感觉系统。

在工厂里，人们总是习惯于把各种零件分类，并分放在各个料盘中，这样零件的运输比较方便。在零件进行加工或装配以前，需要用机器人把它们从料盘中分拣出来，这就要求机器人能够在料盘中寻找和识别需要拾取的零件，并对它们定位和定向。所以，从事该工作的机器人要具有一定的视觉能力。另外，机器人抓取零件的时候，还需要在手爪上安装压力传感器，以便检测手爪是否抓取到零件。在机器人放置零件的时候，也经常使用压力传感器检测零件是否放置到位。

（5）从安全方面的要求来选择　从安全方面考虑，机器人对传感器的要求包括以下两个方面：

1）为了使机器人安全工作而不受损坏，机器人各个构件的负载都不能超过其受力极限。人类在工作时，总是利用自己的感觉反馈，控制使用的肌肉力量不超过骨骼和肌腱的承受能力。同样，为了机器人的安全，也需要检测其各个连杆和各个构件的受力。这就需要采用各种压力传感器。现在，多数机器人是采用加大构件尺寸的办法来避免过载。如果采用压力监测控制的方法，就能大大改善机器人的运动性能和工作能力，并减小构件尺寸和减少材料的消耗。

机器人自我保护的另一个问题是要防止机器人和周围物体碰撞，这就要求机器人的触觉系统或接近觉系统能在碰撞发生前做出反应。有些工业机器人已经采用超声波传感器来防止碰撞的发生。一旦机器人与周围物体的距离过近，立刻向控制系统发出报警信号，在碰撞发生以前，使机器人停止运动。

2）从保护机器人使用者的角度考虑对机器人传感器的要求。工业环境中的任何自动化设备都必须装有安全检测装置，以保护操作者和附近的人，这是劳动安全条例所规定的。例如，用位置传感器设置工作区域，限制机器人不能超出工作区域；采用相应的传感器检测系统各个指标是否正常，当指标异常时对设备进行控制或断电，以防止事故的发生。

3.1.2　传感器性能指标的确定

在选择机器人传感器的时候，最重要的是确定机器人需要传感器做些什么工作，达到什么样的性能要求。根据机器人对传感器的工作类型要求，选择传感器的类型；根据工作要求和机器人需要传感器达到的性能要求，选择具体的传感器。传感器的主要性能指标有以下几种。

（1）灵敏度　灵敏度是传感器的输出信号达到稳态时，输出信号变化与传感器输入信号变化的比值。假如传感器的输出信号和输入信号呈线性关系，其灵敏度可表示为

$$S=\Delta y/\Delta x \tag{3-1}$$

式中　S——传感器的灵敏度；

Δy——传感器输出信号的增量；

Δx——输入信号的增量。

假如传感器的输出信号和输入信号呈曲线关系，其灵敏度就是该曲线的导数，即

$$S=\mathrm{d}y/\mathrm{d}x \tag{3-2}$$

传感器输出信号的量纲和输入信号的量纲不一定相同。若输出信号和输入信号具有相同的量纲，则传感器的灵敏度也称为放大倍数。一般来说，传感器的灵敏度越大越好，这样可

以使传感器的输出信号精确度更高，线性程度更好。但是，过高的灵敏度有时会导致传感器输出信号的稳定性下降，所以应该根据机器人的要求选择适合的传感器灵敏度。

(2) 线性度　线性度是衡量传感器的输出信号和输入信号之比值是否保持为常数的指标。假设传感器的输出信号为 y，输入信号为 x，则 y 和 x 之间的关系为

$$y=bx \tag{3-3}$$

如果 b 是一个常数，或者接近于一个常数，则传感器的线性度较高；如果 b 是一个变化较大的量，则传感器的线性度较差。机器人控制系统应该采用线性度较高的传感器。实际上，只有在理想情况下，传感器的输出信号和输入信号才呈直线关系。大多数情况下，b 都是 x 的函数，即

$$b=f(x)=a_0+a_1x+a_2x^2+\cdots+a_nx^n \tag{3-4}$$

如果传感器的输入信号变化不大，且 a_1、a_2、$\cdots$、a_n 都远小于 a_0，那么可以取 $b=a_0$，近似地把传感器的输出信号和输入信号关系看成线性关系。这个过程称为传感器的线性化，它对于机器人控制方案的简化具有重要的意义。常用的线性化方法有割线法、最小二乘法、最小误差法等。

(3) 测量范围　测量范围是传感器被测量的最大允许值和最小允许值之差。一般要求传感器的测量范围必须覆盖机器人有关被测量的工作范围。如果无法达到这一要求，可以设法选用某种转换装置。但是，这样会引入某种误差，传感器的测量精度将受到一定影响。

(4) 精度　精度是传感器的测量输出值与实际被测值之间的误差。应该根据机器人的工作精度要求，选择合适的传感器精度。假如传感器的精度不能满足检测机器人工作精度的要求，机器人则不可能完成预定的工作任务。但是如果对传感器的精度要求过高，不但制造比较困难，而且成本也较高。应注意传感器精度的适用条件和测试方法。所谓适用条件应当包括机器人所有可能的工作条件，例如不同温度、湿度，不同的运动速度、加速度以及在可能范围内的各种负载作用等。用于检测传感器精度的测试仪器必须具有高一级的精度，精度的测试也要考虑到最坏的工作条件。

(5) 重复性　重复性是指传感器在其输入信号按同一方向进行全量程连续多次测量时，其相应测试结果的变化程度。测试结果的变化越小，传感器的测量误差越小，重复性越好。对于多数传感器来说，重复性指标都优于精度指标。这些传感器的精度不一定很高，但是只要它的温度、湿度、受力条件和其他使用参数不变，传感器的测量结果也不会有多大变化。同样，传感器重复性应当考虑使用条件和测试方法的问题。对于示教再现型机器人，传感器的重复性是至关重要的，它直接关系到机器人能否准确地再现其示教轨迹。

(6) 分辨率　分辨率指传感器在整个测量范围内所能辨别的最小变化量，或者所能辨别的不同被测量的个数。如果传感器辨别的被测量最小变化量越小，或被测量个数越多，则它的分辨率越高；反之，分辨率越低。无论是示教再现型机器人，还是可编程机器人，都对传感器的分辨率有一定的要求。传感器的分辨率直接影响到机器人的可控程度和控制质量。一般需要根据机器人的工作任务规定传感器分辨率的最低限度要求。

(7) 响应时间　响应时间是一个动态特性指标，指传感器的输入信号变化以后，其输出信号变化到一个稳态值所需要的时间。在某些传感器中，输出信号在达到某一稳定值以前会发生短时间的振荡。传感器输出信号的振荡，对于机器人的控制来说是非常不利的，它有

时会造成一个虚设位置，影响机器人的控制精度和工作精度。所以传感器的响应时间越短越好。响应时间的计算应当以输入信号开始变化的时刻为始点，以输出信号达到稳态值的时刻为终点。事实上，还需要规定一个稳定值范围，只要输出信号的变化不再超出该范围，即可认为它已经达到了稳态值。对于具体的机器人传感器应规定响应时间的允许上限。

（8）可靠性　对于所有机器人来说，可靠性是十分重要的。在工业应用领域，人们要求在98%以上的工作时间里机器人系统都能够正常工作。由于一个复杂的机器人系统通常是由大量元件组成的，所以每个元件的可靠性要求就应当更高。必须对机器人传感器进行例行试验和老化筛选，凡是不能经受工作环境考验的传感器都必须尽早剔除，否则将给机器人留下隐患。可靠性的要求还应当考虑维修的难易程度。对于安装在机器人内部、不易更换的传感器，应当提出更高的可靠性要求。

3.1.3　传感器物理特征的选择

（1）尺寸和质量　尺寸和质量是机器人传感器的重要物理参数。机器人传感器通常需要装在机器人手臂上或手腕上，与机器人手臂一起运动。它也是机器人手臂驱动器负载的一部分。所以，它的尺寸和质量将直接影响到机器人的运动性能和工作性能。假如传感器的尺寸和质量过大，有时会使机器人的结构尺寸增大，重量和惯量也随之增大，使机器人的运动加速度受到限制，运动灵活性降低；由于机器人总的惯量增大，使机器人更难控制，很难达到所需要的运动精度。因此，减小机器人传感器的尺寸和质量是传感器设计、选用的主要要求之一。例如，早期的机器人腕力传感器直径为ϕ125mm，经过改进，现在的腕力传感器直径已经减小到ϕ75mm。

（2）输出形式　传感器的输出可以是某种机械运动，也可以是电压和电流，还可以是压力、液面高度或量度等。传感器的输出形式一般是由传感器本身的工作原理所决定的。由于目前机器人的控制大多是由计算机完成的，传感器的输出信号也由计算机分析处理，一般希望传感器的输出信号是计算机可以直接接收的数字信号，所以应该优先选用这一输出形式的传感器。但是，目前在实际应用中很难做到这一点。多数情况下，需要采用某种装置把传感器的输出信号转换成另一种形式的信号。

（3）可插接性　传感器的可插接能力不但影响传感器使用的方便程度，而且影响到机器人结构的复杂程度。如果传感器没有通用外插口，或者需要采用特殊的电压或电流供电，在使用时不可避免地需要增加一些辅助性设备，机器人系统的成本也会因此而提高。另外，传感器输出信号的大小和形式也应当尽可能地和其他设备的要求相匹配。

3.2　机器人传感器的分类与作用

机器人传感器按其采集信息的位置，一般分为内部传感器和外部传感器。而用于机器人末端执行器的外部传感器称为末端执行器传感器。内部传感器采集有关机器人内部的信息，一般包括位置、速度、驱动力和转矩等。外部传感器检测机器人所处环境、外部物体状态或机器人与外部物体的关系。末端执行器传感器用于检测机器人末端执行器和所处理工件的相互关系、障碍状态、相互作用情况等。内部、外部和末端执行器传感器见表3-1。

表 3-1 内部、外部和末端执行器传感器

类别	项目	内容
内部传感器	用途	机器人的精确控制
	检测的信息	位置、角度、速度、加速度、姿态、方向、倾斜、力、力矩等
	所用的传感器	微动开关、光敏元件、差动变压器式位移传感器、光电编码器、电位计、旋转变压器、测速发电机、加速度传感器、陀螺仪、角度传感器、压力传感器等
外部传感器	用途	了解工件、环境或机器人在环境中的状态
	检测的信息	工件和环境（形状、位置、范围、质量、姿态、运动、速度等）、机器人与环境（位置、速度、加速度、姿态等）
	所用的传感器	图像传感器（CCD、MOS等）、光学传感器、超声波传感器、压力传感器
末端执行器传感器	用途	对工件灵活、有效的操作
	检测的信息	非接触（接近、间隔、位置、姿态等）、接触（接触、障碍检测、碰撞检测、压力、滑动等）、夹持力等
	所用的传感器	光学传感器、超声波传感器、电容式传感器、电感式传感器、限位开关、压阻式传感器、弹性体加应变片等

内部传感器对于机器人运动、位置及姿态的精确控制有着重要作用，外部传感器可使机器人对外部环境具有一定程度的适应能力，从而表现出一定程度的智能。

3.3 位置和位移

机器人感受位置和位移的传感器一般有线性位置传感器、角度位置传感器、电位器式位移传感器、电容式位移传感器、电感式位移传感器、霍尔式位移传感器、差动变压器式位移传感器和光电编码器等。机器人各关节和连杆的运动定位精度要求、重复精度要求以及运动范围要求是选择机器人位置传感器和位移传感器的基本依据。

3.3.1 电位器式位移传感器

电位器式位移传感器主要由电位器和滑动触点组成，其中滑动触点通过机械装置受被检测量控制。当被检测量发生变化时，滑动触点也发生位移，改变了滑动触点与电位器各端之间的电阻值和输出电压值，根据这种输出电压值的变化，可以检测出机器人各关节的位置和位移量。

电位器式位移传感器具有很多优点。它的输入/输出特性（即输入位移量与输出电压量之间的关系）可以是线性的，也可以根据需要选择其他任意函数关系的输入/输出特性；它的输出信号选择范围大，只需改变电位器两端的基准电压，就可以得到比较小的或比较大的输出电压信号。这种位移传感器不会因为失电而破坏其已感觉到的信息。当电源因故断开时，电位器的滑动触点将保持原来的位置不变，只需电源重新接通，原有的位置信息就会重新出现。另外，它还具有性能稳定、结构简单、尺寸小、质量轻、精度高等优点。电位器式位移传感器的一个主要缺点是容易磨损。由于滑动触点和电阻表面的磨损，使电位器的可靠性和寿命受到一定的影响。正因为如此，电位器式位移传感器在机器人上的应用受到了极大的限制，近年来随着光电编码器价格的降低而逐渐被淘汰。

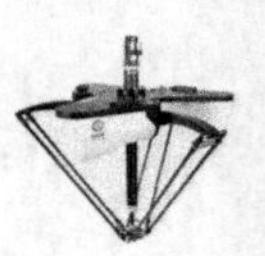

按照电位器式位移传感器的结构，可以把它分成直线型和旋转型两大类。直线型电位器式位移传感器主要用于检测直线位移，其电阻采用直线型螺线管或直线型碳膜电阻，滑动触点也只能沿电阻的轴线方向做直线运动。直线型电位器式位移传感器的工作范围和分辨率受电阻器长度的限制。线绕电阻、电阻丝本身的不均匀性会造成其输入/输出关系的非线性。

旋转型电位器式位移传感器的电阻元件是呈圆弧状的，滑动触点也只能在电阻元件上做圆周运动。旋转型电位器式位移传感器有单圈电位器和多圈电位器两种。由于滑动触点等的限制，单圈电位器的工作范围只能小于 360°，分辨率也有一定限制。对于多数应用情况来说，这些并不会妨碍它的使用。假如需要更高的分辨率和更大的工作范围，可以选用多圈电位器。

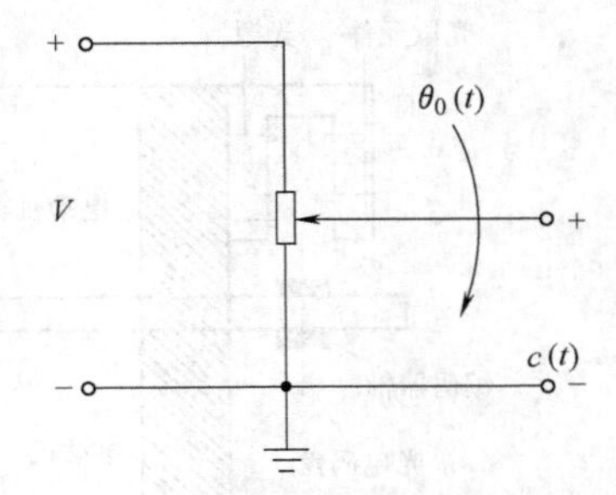

图 3-1　电位器式位移传感器的原理

图 3-1 所示为电位器式位移传感器的原理。当输入电压 V 加在电位器的两个输入端时，电位器的输出信号 $c(t)$ 与滑动触点的位置成比例。

3.3.2　光电编码器

光电编码器是一种应用广泛的位置传感器，其分辨率完全能满足机器人的技术要求。光电编码器属于非接触型传感器，可分为绝对型和相对型。对于绝对型光电编码器，只要电源加到用这种传感器的机电系统中，编码器就能给出实际的线性位置或旋转位置。因此，装备绝对型光电编码器的机器人的关节不要求校准，只要一通电，控制器就能够获得实际的关节位置。相对型光电编码器只能提供某基准点对应的位置信息。所以，装备相对型光电编码器的机器人在获得关节真实位置信息以前，必须首先完成校准程序。

（1）绝对型光电编码器　绝对型光电编码器可以产生供每种轴用的独立、单值的码字。它的每个读数都与前面的读数无关。绝对型光电编码器的优点之一是当系统电源中断时，能够记录发生中断的位置，当电源恢复时把记录情况通知系统。采用这类光电编码器的机器人，即使电源中断导致旋转部件发生位置移动，仍能保持校准。

绝对型光电编码器通常由 3 个主要元件构成：多路（或通道）光源（如发光二极管）、光敏元件和光电码盘。

由 n 个 LED 组成的线性阵列发射的光与光电码盘成直角，并由光电码盘反面对应的由 2 个光敏元件构成的线性阵列接收部分，如图 3-2 所示。光电码盘分为周界通道和径向扇形面，利用几种可能的编码形式之一获得绝对角度信息。光电码盘上按一定的编码方式刻有透明区域和不透明区域，光线透过光电码盘的透明区域，使光敏元件导通，产生低电平信号，代表二进制的“0”；不透明区域没有光线透过，产生高电平信号，代表二进制的“1”。因此当某一个径向扇形面处于光源和光敏元件之间的位置时，光敏元件即接收到相应的光信号，得出光电码盘所处的角度位置。4 通道 16 个扇形面的纯二进制光电码盘如图 3-3 所示。也可采用其他编码方案，如二-十进制编码（BCD）和格雷码。由图 3-3 可见，光电码盘旋转一周为 360°，有 16 个扇形面，故光电码盘的分辨率为 22.5°（360°/16）。若阴影部分表示二进制的“1”，明亮部分表示二进制的“0”，那么，4 个光敏元件的输出表示“1”和“0”的四位。例如，若扇形面 11 是在 LED 区域，则光敏元件的输出是二进制的 1011 或十进制的11。因此，通过光电编码器的输出，便可知道光电码盘的位置。

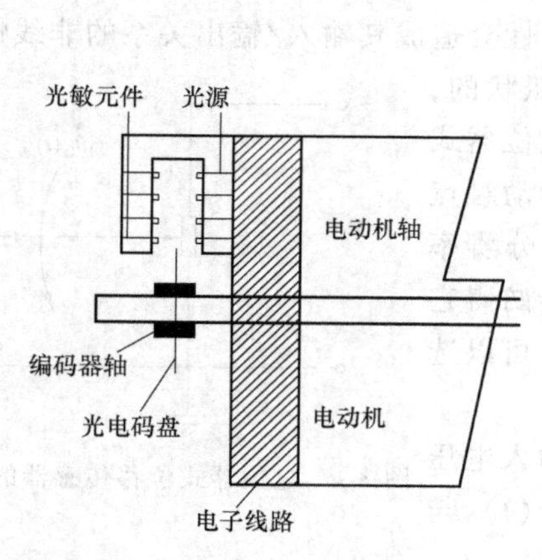

图 3-2　电动机上的绝对型光电编码器

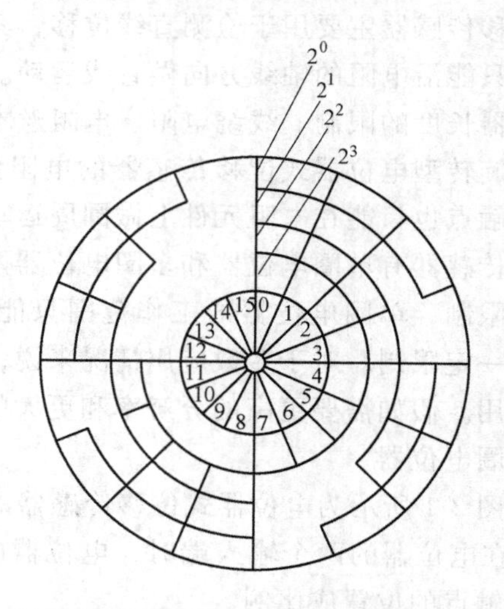

图 3-3　绝对型光电编码器的光电码盘

对于13个独立通道（即13位）的绝对型光电编码器，光电码盘旋转一周能获得高达$360°/2^{13}=0.044°$的分辨率。由于该码盘需要分为若干个通道和若干个扇形面，因此加工较困难。与相对型光电编码器相比，该光电编码器成本高4~5倍。

（2）相对型光电编码器　与绝对型光电编码器一样，相对型光电编码器也是由前述3个主要元件构成的，两者的工作原理基本相同，所不同的是后者的光源只有一路或两路，光电码盘一般只刻有一圈或两圈透明区域和不透明区域。当光线透过光电码盘时，光敏元件导通，产生低电平信号，代表二进制的“0”；不透明区域没有光线透过，产生高电平信号，代表二进制的“1”。因此，这种光电编码器只能通过计算机脉冲个数来得到输入轴所转过的相对角度。

由于相对型光电编码器的光电码盘加工相对容易，因此其成本比绝对型光电编码器低，而分辨率高。然而，只有使机器人首先完成校准操作以后才能获得绝对位置信息。通常，这不是很大的缺点，因为校准操作一般只在加上电源后才能完成。若在操作过程中发生意外断电，由于相对型光电编码器没有“记忆”功能，故必须在通电后再次完成校准。

光电编码器的分辨率通常由径向线数n来确定。这意味着光电编码器能分辨的角度位置等于$360°/n$。典型的光电编码器分辨率有100线、128线、200线、256线、500线、512线、1000线、1024线和2048线等。

3.4　力觉

机器人力觉系统主要用于测量机器人在工作过程中受到的各种力和转矩，一般采用力传感器实现。力传感器大多采用应变片作为敏感元件，一般情况下，机械手有以下三种部位可以安装这些敏感元件：

1）在关节驱动器上安装。用敏感元件测量驱动器本身输出的力和力矩，这对有些应用控制方案很有用（对于采用直流伺服电动机作为驱动元件的机器人来说，测量驱动电流可

以知道驱动器输出的力矩），但它通常无法直接提供手爪与外界接触力的信息。

2）在手爪与机械手的最后一个关节之间安装，即构成“腕力传感器”。这种力传感器直接测量作用在手爪上的力及力矩，得到6个分量的力和力矩向量，在机器人控制中应用极为普遍。

3）在手爪上安装。如果机器人用二指手爪夹持工件，机器人首先要检测夹持力，以控制施加于工件上的力，这就需要在手爪的适当位置安装应变片，而且一般使用两对应变片，以避免加压位置的不同造成夹持力的变化，如图3-4所示，图中夹持力f的计算公式为：

$$f=\frac{k(s_1-s_2)}{x_2-x_1} \tag{3-5}$$

式中 s_1、s_2——应变片的输出；

x_1、x_2——应变片在手指上的位置；

k——常数，一般通过标定来确定。

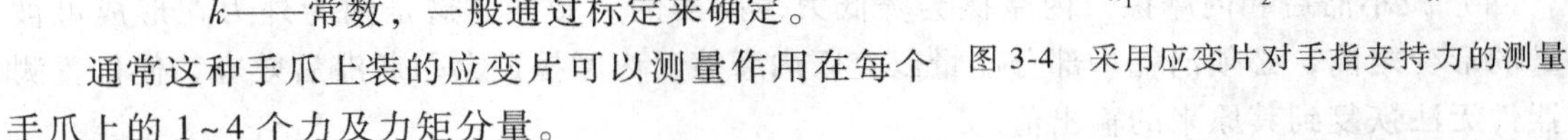

图3-4 采用应变片对手指夹持力的测量

通常这种手爪上装的应变片可以测量作用在每个手爪上的1~4个力及力矩分量。

腕力传感器是机器人力控制中使用最普遍的力传感器，我们平常所提及的机器人力传感器都是指腕力传感器。腕力传感器大多数采用轮辐式结构，主要原因是这类传感器的刚度和灵敏度较高，滞后和相互之间的耦合干扰较小，传感器可达到较高的输出精度。目前，带有力传感器的工业机器人系统能自动完成销轴的装配、打毛刺及打磨等需要具有适应外部环境能力的作业。

力传感器一般包含若干个应变片，这些应变片用于测量由外力引起的机械结构变形。机器人中的力传感器主要有轮辐式和筒式两种，如图3-5所示。筒式力传感器中空的部分可以用来安装驱动器，以实现紧凑的结构。

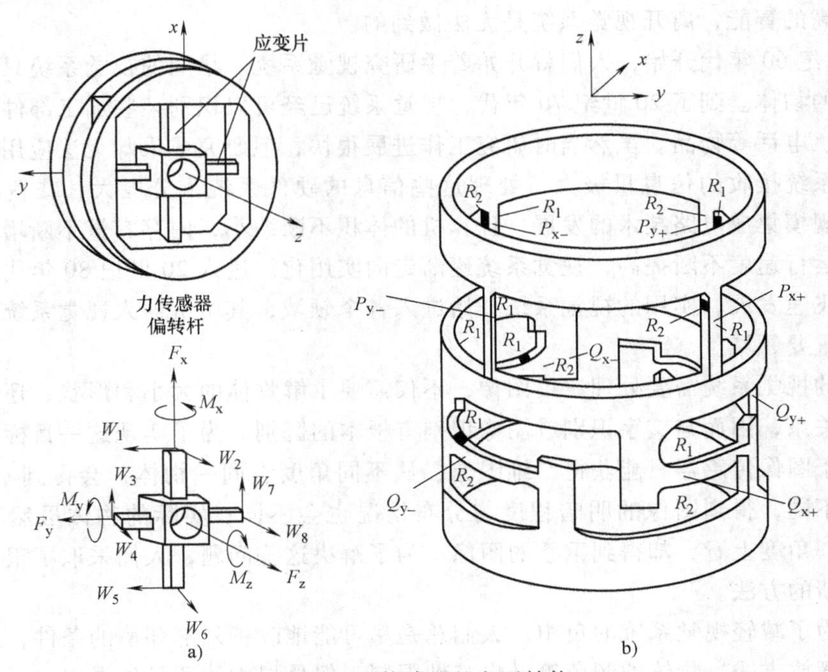

图3-5 力传感器的主要结构

a）轮辐式 b）筒式

力传感器是将作用在手爪上的力和力矩转换为可测量的腕部的挠曲和位移，力传感器所引起的腕部运动不应影响机械手的定位精度，对这类传感器的性能要求可归纳如下：

(1) 刚性好　机械部件的固有频率与它的刚性有关，因此高刚性可以使扰动力很快衰减，以便在短时间内得到精确的输出。此外，高刚性也可以减小由于外力或力矩施加位置有误而引起的偏差。

(2) 结构紧凑　这一要求可以确保机械手在拥挤的工作空间中运动不会受到限制，也可以使传感器和工作空间中其他物体碰撞的可能性降到最低。另一重要优点是，使用结构紧凑的力传感器，能使其尽可能接近工具，可以减小手爪小角度旋转时的定位误差。此外，当测量较大的力和力矩时，可减小传感器和手爪之间的距离，有利于减小手部作用力的力臂。

(3) 线性　力传感器对所受的力和力矩应具有良好的线性响应，这样能够利用简单的矩阵运算实现力和力矩的求解。此外，良好的线性响应还能够简化力传感器的标定过程。

(4) 减小滞后和内摩擦　内摩擦会降低力传感器的灵敏度，这是因为外力在形成可被测量的形变之前，必须消耗一部分能量以克服内摩擦。内摩擦还会引起滞后效应，使位置测量器件无法恢复到其原来的输出值。

3.5 视觉

3.5.1 机器人视觉系统概述

视觉器官是人体的重要器官，人类从外界所获得的信息有大约 80%来自眼睛，因此在机器人研究的一开始，人们就希望能够给机器人装上“眼睛”，使它具有视觉功能。要想赋予机器人较高的智能，离开视觉系统是无法做到的。

从 20 世纪 60 年代开始，人们就开始着手研究视觉系统。早期的视觉系统只能识别平面上类似积木的物体。到了 20 世纪 70 年代，视觉系统已经可以识别某些加工部件，也能认识室内的桌子、电话等物品。虽然当时研究工作进展很快，但研究成果却无法应用于实际，这是因为视觉系统接收的信息量极大，处理这些信息的硬件系统十分庞大，花费的时间也很长。随着大规模集成电路技术的发展，计算机的体积不断缩小，内存容量不断增大，价格也急剧下降，运行速度不断提高，视觉系统逐渐走向实用化。进入 20 世纪 80 年代后，由于微型计算机的飞速发展，实用的视觉系统开始进入各个领域，其中机器人视觉系统是机器视觉应用的一个重要领域。

机器人的视觉系统需要处理三维图像，不仅需要了解物体的大小和形状，还要知道物体之间的位置关系，因而与文字识别或图像识别有根本的区别。为了实现这一目标，要克服很多困难，由于图像传感器只能获得二维图像，从不同角度看同一物体，会得到不同的图像；照明条件的不同，得到图像的明暗程度与分布情况也会不同；实际的物体虽然互相并不重叠，但从某一角度上看，却得到重叠的图像。为了解决这些问题，人们采取了很多措施，并在不断研究新的方法。

通常，为了减轻视觉系统的负担，人们总是尽可能地改善外部环境的条件，对视角、照明、物体的摆放方式、物体的颜色等做出某种限制，但最根本的还是加强视觉系统本身的功能和使用更好的信息处理方法。

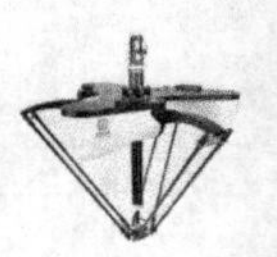

3.5.2　视觉系统的硬件组成

视觉系统的硬件一般可以分为图像输入、图像处理、图像存储和图像输出 4 个部分，如图 3-6 所示。

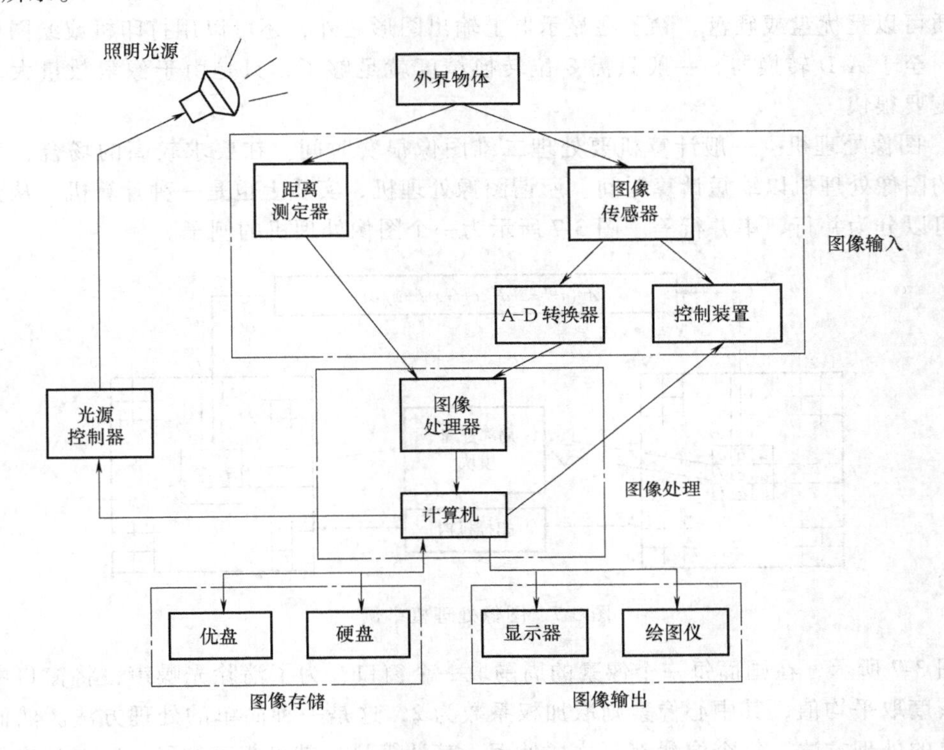

图 3-6　视觉系统的硬件组成

(1) 图像传感器　图像传感器是将景物的光信号转换成电信号的器件，如电视摄像机、CCD（电荷耦合器件）和 MOS（金属氧化物半导体器件）等，其中 CCD 具有体积小、质量小、余晖小等优点，因此应用日趋广泛。目前已有将双 CCD 传感器集成在灵巧手爪上的机器人系统。

由图像传感器得到的电信号经过 A-D 转换器变成数字信号，称为数字图像。一个画面由很多像素分若干行和列组成，如 256×256 像素、512×512 像素或者 1024×1024 像素。像素的灰度可以用 4 位或 8 位二进制数来表示。每个像素都含有距离信息的图像，称为三维视觉图像。

(2) 控制装置和光源控制器　机器人的视觉系统直接把景物转化成图像输入信号，因此取景部分应当能根据具体的情况自动调节光圈的焦点，以便得到易处理的清晰图像，为此控制装置应能调节以下几个参数：

1）焦点能自动对准被观测的物体。

2）根据光线强弱自动调节光圈。

3）自动转动摄像机，使被观测物体位于视野的中央。

光源控制器可用于调节光源方向和光源强度，使对象物体观测得更清楚。

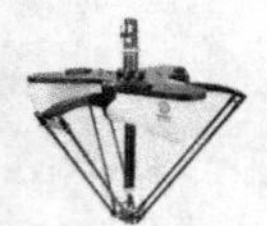

(3) 计算机　由图像传感器得到的图像信息要用计算机存储、处理和识别，根据各种目的输出处理后的结果。20世纪80年代以前，由于微型计算机的内存容量太小，价格也较高，因此往往另加一个图像存储器来存储图像数据。现在除了某些大型视觉系统外，一般都使用微型计算机或小型计算机，即使是微型计算机，也有足够内存用来存储图像了。存储图像的介质可以是优盘或硬盘。除了在显示器上输出图形之外，还可以用打印机或绘图机来输出图形。至于A-D转换器，一般只需8位转换精度就足够了，只是由于像素数量大，要求转换速度要很快。

(4) 图像处理机　一般计算机要处理二维图像很费时间。在要求较高的场合，可以设置专用的图像处理机以缩短计算时间。所谓图像处理机，实质上也是一种计算机，从其结构上说，可以分为并行、串并行等。图3-7所示为一个图像处理机的例子。

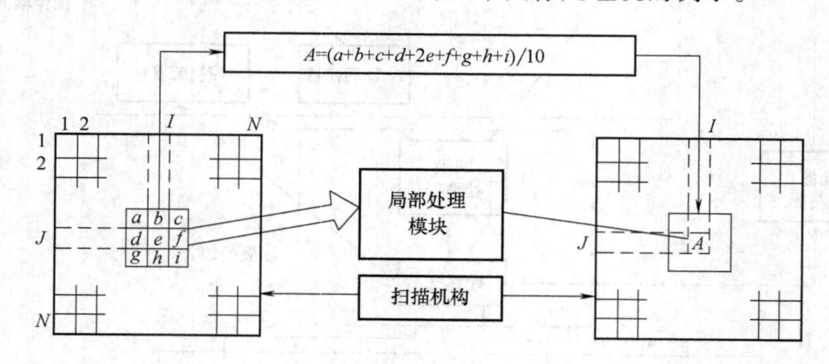

图3-7　图像处理机举例

如图3-7所示，在画面每一个像素的周围取一个窗口，为了消除光噪声，将窗口中9个像素的灰度取平均值，其中心像素则取加权系数为2，这是一种简单的处理方法。然而即使采用简单的处理方法，每个像素都要这样处理，其计算量也就可想而知了。一般的串行算法是，首先找到窗口上的每个像素的地址，然后如图3-7中虚线所示，做多次加法、除法，计算结果送到图像输出内存中。显然这种算法花费的时间很长。图3-7所示的图像处理机设置了一套扫描机构和并行运算模块。扫描机构是高速查找窗口地址的硬件；并行运算模块是并行处理窗口数据的硬件。由于运算是并行的，因此数据处理的速度可以大大地加快。由于其他运算还是串行的，因此称这种机构为串并行或局部并行机构。

应当指出，图像处理只是对图像数据做一些简单、重复的预处理，数据进入计算机后，还要进行各种运算处理。

3.5.3 数字图像处理方法

(1) 图像的输入　对于CCD，图像的输入是通过外加驱动脉冲，依次将各像素的耦合电荷移出，经放大和A-D转换，转换为4~8位的数字信息，并输入到图像处理机或计算机中。对于工业用电视摄像机，基准频率用6MHz，经382分频后形成15.71kHz的水平同步信号，再经262分频后得到59.95Hz的垂直同步信号，电视摄像机摄下的图像信号，按一定周期取样，同样变成4~8位的数字信息。

图像分成水平的行和垂直的列，对应于不同行和列的像素 $f(x, y)$ 分配不同的内存单元，$f(x, y)$ 表示水平方向 x 行和垂直方向 y 列上像素的信息。

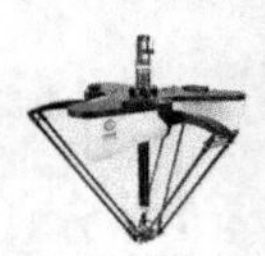

（2）图像校正处理　图像一般都包括噪声或失真。为除去噪声或失真以得到更逼真的图像，有各种校正处理方法。电视摄像机的白色图像噪声，可以用连续摄取的数幅图像进行加法平均来减轻。如果图像的对比度有些偏差、反差不够，靠对比度变化处理能把图像扩展到适当的对比度范围内，在这种情况下采用对数函数等非线性变换，能扩展到有意义的对比度范围，或者变更作为图像中位置函数的参数，用这个可变参数进行对比度变换处理，可以对图像的黑点进行校正。

对光学系统的失真可以用映射变换等方法将图像进行重构，这个变换可表示为

$$\begin{bmatrix} x \\ y \end{bmatrix} = \begin{bmatrix} a & b \\ a' & b' \end{bmatrix} \begin{bmatrix} X \\ Y \end{bmatrix} + \begin{bmatrix} c \\ c' \end{bmatrix} \tag{3-6}$$

对于数字图像，逐个变换后的图像位置（x，y）与对该坐标计算变换前的坐标（X，Y），对它周围各点的图像灰度值作插值的方法是一样的。除了这种插值需要的数个像素的存取以外，一般图像的校正处理是一个像素存取、一个像素输出的形式。

（3）滤波　把周围像素的情况加进去进行处理，如前面列举的图像处理机那样，多个像素存取、一个像素输出的处理在图像处理中容易进行。滤波处理是指图像上某个空间的运算处理。数字图像的线性空间运算一般用图 3-8 所示的数值 a_{11}，…，a_{mn} 的二维排列来表示，这时对图像 $f(x, y)$ 做滤波处理后的图像 $g(x, y)$ 可表示为

$$g(x,y) = \sum_{j=1}^{n} \sum_{i=1}^{m} a_{ij} f(x+i-1, y+j-1) \tag{3-7}$$

这种滤波处理能去除或减轻图像的噪声、平滑和增强信号等，是图像处理的基本方法。如果要强调对象物体的棱线、轮廓并做线条抽出，可采用图 3-9 所示的两种方法。

a_{11}	a_{21}		a_{m1}
a_{12}	a_{22}		a_{m2}
a_{1n}	a_{2n}		a_{mn}

图 3-8　线性滤波器

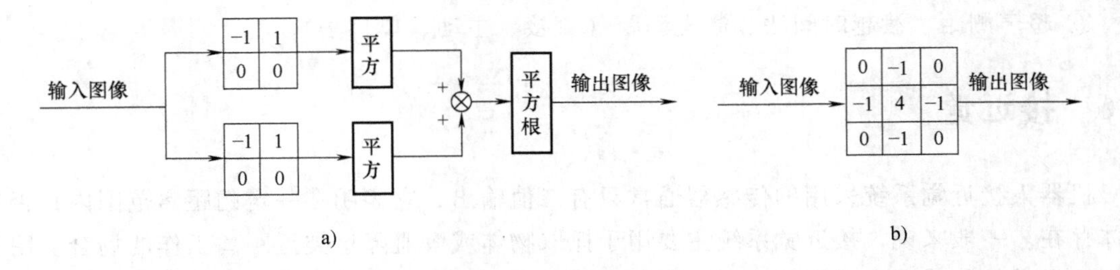

图 3-9　滤波处理方框图

a）空间微分　b）拉普拉斯算子

（4）特征化　根据具体状况变更坐标扫描的场所和顺序，掌握物体的构造特征的处理方法，称为图像的特征化。例如，用空间微分滤波法从棱线的变化进行棱线跟踪，找到棱线及其方向变化点的处理。一般情况下，对物体的认识要掌握物体具体的构造特征，例如顶点形态的分类、顶点间的连接状况等的结构处理，或者图像中物体的面积、周长、孔洞的数量等特征参数的处理。

从图像输入到特征化处理的一连串处理是对视觉系统直接获得的图像进行处理，特征化之后的处理，主要是与数据库进行比较的识别处理。从图像处理到识别处理一般都称为模式

识别。

若图像处理采用计算机进行，图像信息一般有庞大的数据量，而且要进行逐个的处理，根据应用对象的不同，花费几分钟到几十分钟的时间是常见的。因此把图像处理应用于机器人，首先要解决处理速度的问题。

3.5.4 视觉系统中的距离信息获取技术简述

带有距离信息的三维计算机视觉图像为高层次的计算与分析带来了极大的方便，正因如此，计算机视觉中的距离信息获取技术逐渐得到广泛的研究。

距离信息获取技术大体上可按下述3种方法进行分类：

(1) 直接法和间接法　基于视觉图像和对视觉图像进行分析而获取距离信息。

(2) 主动法和被动法　主动法和被动法的区别在于是否采用了可控制的光源，如激光、结构光及红外光等。被动法只依赖于自然的、不受控制的光源，如自然光和一般室内照明光源等。

(3) 单目法和多目法　单目法是指只从一个视点来获取数据，而多目法主要是指基于三角法进行的测量。

若在直接法/间接法、主动法/被动法、单目法/多目法中进行组合，将得到8种方法。这样的分类方法对多种多样的距离获取技术来说十分清楚，但其中并非每一种方法都实际可用，其中实用的方法主要有：

① 立体视差法、移动摄像机法（间接、被动、多目法）。

② 几何光学聚焦、纹理梯度法（间接、主动、多目法）。

③ 结构光法（间接、主动、多目法）。

④ 光强法（间接、主动、单目法）。

⑤ 简单三角测距（直接、主动、多目法）。

⑥ 超声测距、渡越时间法、激光测距（直接、主动、单目法）。

3.6 接近觉

机器人接近觉系统采用的传感器通常只有二值输出，它表明在一定的距离范围内是否有物体存在。一般来说，接近觉系统主要用于抓取物体或者避障这类近距离工作的场合。用于实现接近觉的传感器有磁通传感器、霍尔式传感器、超声波传感器等。

3.6.1 磁通传感器

磁通传感器的原理如图3-10所示。其组成部分包括放在一简单框架内的永久磁铁以及靠近该磁铁的绕制线圈，如图3-10a所示。当磁通传感器接近一铁磁体时，将引起永久磁铁的磁力线形状发生变化，具体情形如图3-10b、c所示。在未出现铁磁体时，没有磁通量的变化，因此在线圈中没有感应电流。但当铁磁体靠近磁场时，所引起的磁通量的变化将使线圈产生感应电流脉冲，其幅值和形状正比于磁通量的变化率。

在线圈的输出端观测到的电压波形可以作为磁通传感器的输入。图3-11a说明了在线圈

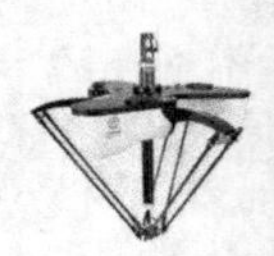

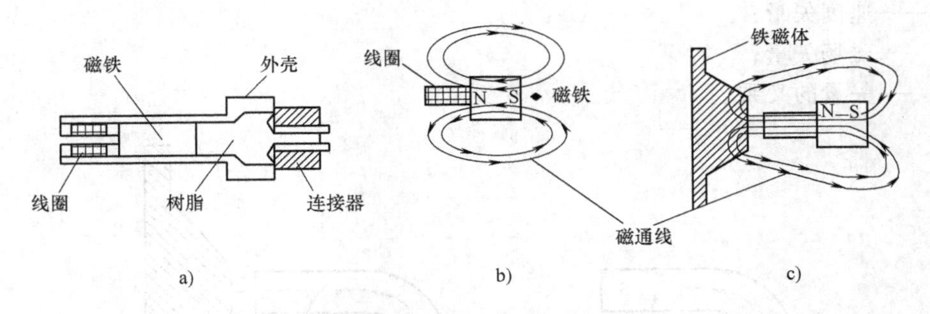

图 3-10 磁通传感器的原理

a）磁通传感器 b）未出现铁磁体时磁力线的形状 c）当铁磁体接近传感器时磁力线的形状

两端所测量的电压是如何随着铁磁体进入磁场的速度而变化的。磁通传感器输出的电压极性取决于铁磁体是进入磁场还是离开磁场。电压幅值与磁通传感器到铁磁体间距离的关系如图 3-11b 所示。从图中可以看出，随着距离的增加，磁通传感器灵敏度急剧下降。

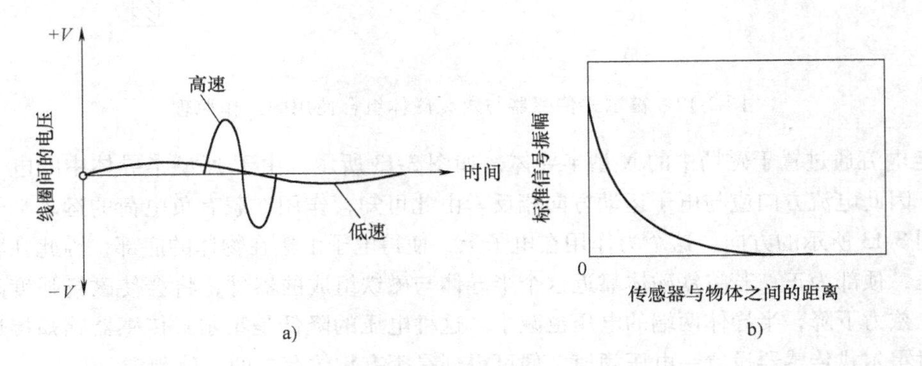

图 3-11 磁通传感器的工作性能

a）磁通传感器对速度的响应 b）磁通传感器对于距离的响应

由于磁通传感器只有在存在相对运动时才会产生输出波形，因此对输出波形积分便可产生二值信号。当积分值小于一特定的阈值时，二值输出为低电平；当积分值超过该阈值时，二值输出为高电平（表示接近某一物体）。

3.6.2 霍尔式传感器

霍尔效应指的是磁场中的导体或半导体材料两点间会产生电压，霍尔式传感器便是利用霍尔效应制得的。当霍尔式传感器本身单独使用时，只能检测有磁性体。然而，当它与永久磁体以图 3-12 所示的结构形式联合使用时，可以用来检测所有的铁磁体。在这种情况下，若在霍尔式传感器附近没有铁磁体，则传感器中的霍尔元件受到一个强磁场；当一铁磁体靠近霍尔式传感器时，由于磁力线被铁磁体旁路，霍尔元件所受的磁场将减弱。

霍尔式传感器的工作依赖于作用在磁场中运动的带电粒子上的洛伦兹力。该力作用在由带电粒子的运动方向和磁场方向所形成平面的垂直轴线上，即洛伦兹力可表示为：

$$\boldsymbol{F}=q(\boldsymbol{V}\times\boldsymbol{B}) \tag{3-8}$$

式中 q——电荷；

V——速度矢量；

B——磁场矢量；

“×”——矢量的叉乘。

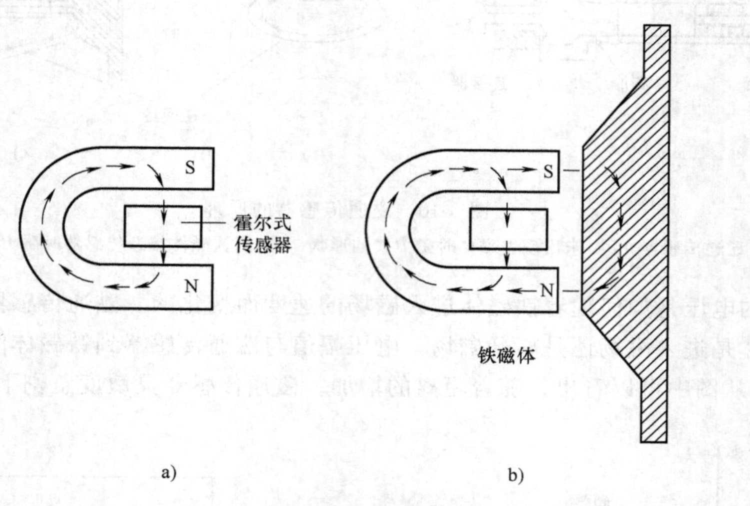

图 3-12　霍尔式传感器与永久磁体组合使用的工作原理

假定电流通过置于磁场中的 N 型半导体，如图 3-13 所示，由于 N 型半导体中的电子是多数载流子，因此电流方向应与电子运动方向相反。由此可知，作用在载有负电荷的运动粒子上的力将具有图 3-13 所示的方向。这个力作用在电子上，使得电子汇集在物体的底部，因此在物体上产生一电压，顶部为正。若将铁磁体靠近这个半导体与磁铁组成的器件，将会使磁场强度降低，从而使洛伦兹力下降，半导体两端的电压也减小。这种电压的降低是霍尔式传感器感知接近程度的关键。对霍尔式传感器设置一电压阈值，便可得到是否有物体存在的二值判定。

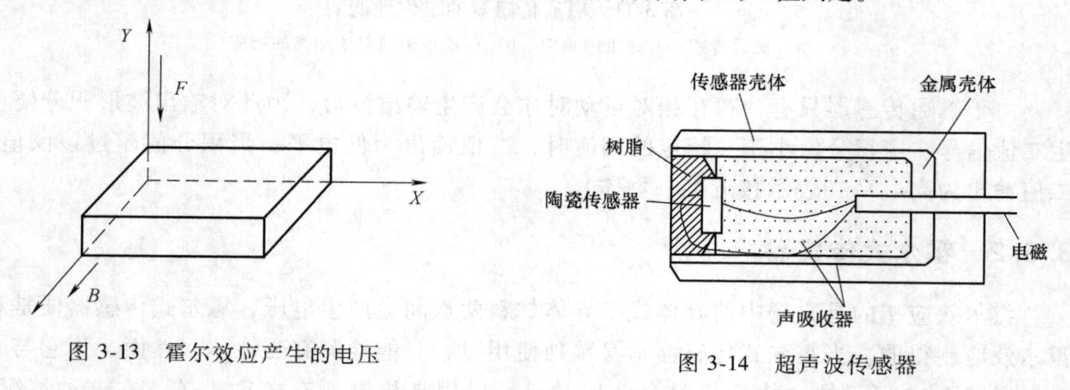

图 3-13　霍尔效应产生的电压

图 3-14　超声波传感器

使用半导体材料（如硅）有若干优点，如体积小、耐用、抗电气干扰性好等。此外，使用半导体材料可以把用于放大和检测的电路直接集成在传感器上，减小传感器的体积，降低成本。

3.6.3　超声波传感器

前面介绍的各种传感器的响应都和被检测物体的材料有密切的关系，而使用超声波传感

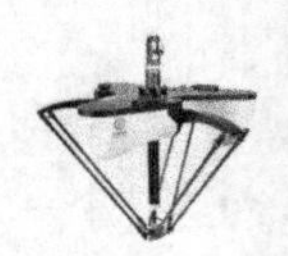

器将使对材料的这种依赖性大为降低。

图 3-14 所示为用于实现机器人接近觉的一种典型超声波传感器的结构，其基本元件是电声变换器。这种变换器通常是压敏陶瓷型变换器。树脂层用来保护变换器不受潮湿、灰尘以及其他环境因素的影响，同时也起声阻抗匹配器的作用。由于同一变换器通常既用于发射又用于接收，因此，当传感器与被检测物体之间的距离很近时，需要使声能很快衰减。使用消声器和消除变换器与壳体耦合，可以达到这一目的。壳体应能形成一狭窄的声束，以实现有效的能量传送和信号定向。

分析发射和检测到的声能信号波形有助于理解超声波传感器的工作过程。图 3-15 所示为一组典型的波形。波形 A 为用来控制发射过程的门信号；波形 B 为输出信号及其回波信号；波形 C 中的脉冲分别由发射信号和接收信号形成。为了鉴别与发射信号和接收信号相应的脉冲，引入一时间窗口（波形 D），传感器的检测能力主要取决于该窗口。也就是说，时间间隔 t_1 是最小检测时间，而 (t_1+t_2) 为最大检测时间（应当指出，这些时间间隔等效于特定的距离，因为对于给定的传送介质，声波的传播速度是已知量）。当波形 D 处于高电平时，接收到的回波信号将形成波形 E 所示的信号；在波形 A 中发射脉冲的尾部，波形 E 中的信号又回到低电平，最后，波形 E 中脉冲的上升沿将 F 置为高电平；而当波形 E 为低电平同时在波形 A 中出现一脉冲时，波形 F 回到低电平。在这种情况下，只要有一个物体出现在波形 D 的参数所确定的距离区间内，波形 F 将处于高电平。因此，对于以二值方式工作的超声波传感器而言，波形 F 就是所需要的输出。

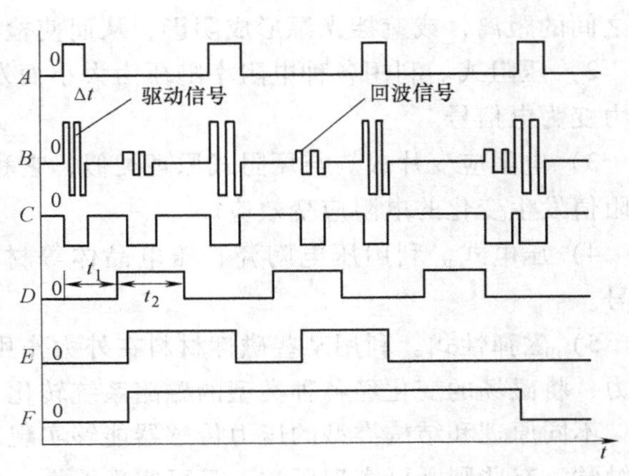

图 3-15 超声波传感器波形图

3.7 接触觉、压觉和滑觉

3.7.1 概述

机器人通过压力传感器可以实现接触觉、压觉和滑觉等功能，检测手爪与被握住物体之间是否接触、接触位置以及接触力的大小等。机器人所用的压力传感器包括单个敏感元件构成的传感器和多个敏感元件构成的传感器阵列。它们或是输出简单的二值信息（是否接触），或是输出与压力大小成比例的信息。

最简单的压力传感器就是微动开关，它只能反映手爪与物体是否接触的信息。机器人的压觉系统可以通过压力传感器控制手爪抓握物体时的夹紧力，实现不滑落的最小力控制。压力传感器阵列可以输出触觉图像，对触觉图像的处理可以得到物体的形状。与视觉图像相比，触觉图像所需处理的数据量小，可直接获取物体具体的外形信息，而且不受外界条件的限制，如照明条件的影响。压力传感器的研究一起步就朝着模拟人类皮肤的方向发展，因此能够实现压觉的阵列式压力传感器受到普遍重视。

3.7.2 压力传感器的原理

触觉信息是通过压力传感器与对象物体的实际接触而得到的，因而压力传感器的输出信号是由两者接触而产生的力及位移的函数。

压力传感器采用的转换原理有如下几种：

1）光电式。把接触界面的压力转变为机械位移，再利用此机械位移改变光源与光敏元件之间的距离，或遮挡光源形成阴影，从而使检测器的光电信号发生变化。

2）压阻式。利用各种电阻率随压力大小而发生变化的材料，如压敏电阻，把接触面的压力变为电信号。

3）电阻应变片式。与压阻式原理类似，它利用的是金属导体（或半导体材料）变形时电阻值发生变化的电阻应变效应。

4）压电式。利用压电陶瓷、压电晶体等材料的压电效应，把接触面的压力转化为电信号。

5）磁弹性式。利用某些磁性材料在外力作用下磁场发生变化的效应，感知接触面上的压力，将磁场的变化经各种类型的磁路系统转化为电信号。

不同原理和结构类型的压力传感器能够实现不同的触觉功能，有些压力传感器仅能实现接触觉，有些则既可实现压觉，又可实现滑觉。

（1）能够实现接触觉的压力传感器　接触觉是指物体是否碰到手爪的一种感觉，是二值量，因此采用简单的压力传感器即可实现。图 3-16 为几种能够实现接触觉的压力传感器。图中柔软的导体可以采用导电橡胶、浸含导电涂料的氨基甲酸乙酯泡沫或碳素纤维等材料。

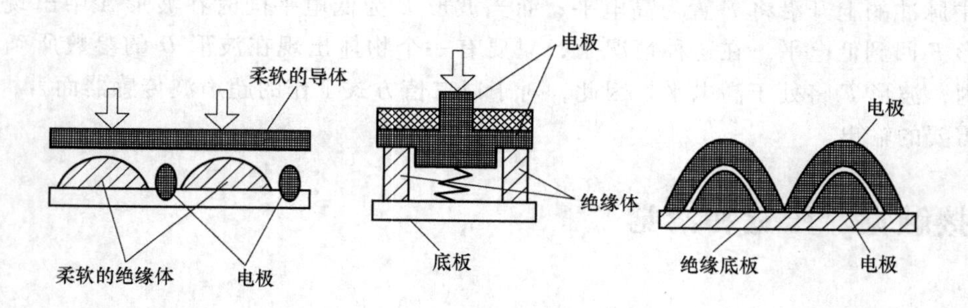

图 3-16　几种能够实现接触觉的压力传感器

（2）能够实现压觉的压力传感器　压觉能够用来控制机器人手爪施加于对象物体的压力或感觉对象物体加于手爪上的压力，实现压觉的信号是连续量。如果把某限定值定义为有无压觉的二值量，就和接触觉相同了。

图 3-17 所示为一种能够实现压觉的简单压力传感器，一个弹簧柱塞与一个转轴相连，由横向力引起的弹簧柱塞位移导致转轴成比例地旋转，转角可用电位计连续测量，或用码盘进行数字式的测量，根据弹簧的弹性系数，便可求得与位移相应的力。此外，还可采用压敏材料等来实现压觉。

（3）能够实现滑觉的压力传感器　当机器人手爪抓住物体时，被抓物体由于自重在重

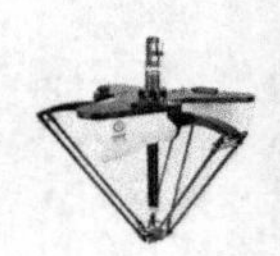

力作用方向或者沿作用于物体上的外力方向上产生滑动，检测这种滑动量即可实现滑觉。通过对滑动量的检测来决定最佳握力的值，在不损伤物体的范围内，牢靠地把物体抓住。

图 3-18 所示为能够实现滑觉的光电式传感器。滑动滚子用板簧支承在手爪本体上，原始状态突出手爪夹持面，抓住物体时，板簧产生挠度，滚子与手爪夹持面相平，由于滚子表面贴有橡胶膜，当物体在爪面产生滑动时，滚子也随之转动，为了检测滚子的转动量，在滚子的轴上安装刻有均布狭缝的圆盘、发光元件和光敏元件，利用该光学系统可测得与滚子转动量成正比的脉冲数。

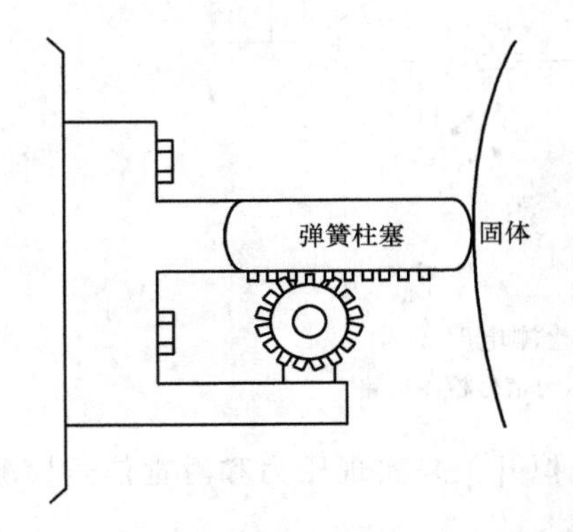

图 3-17 能够实现压觉的简单压力传感器

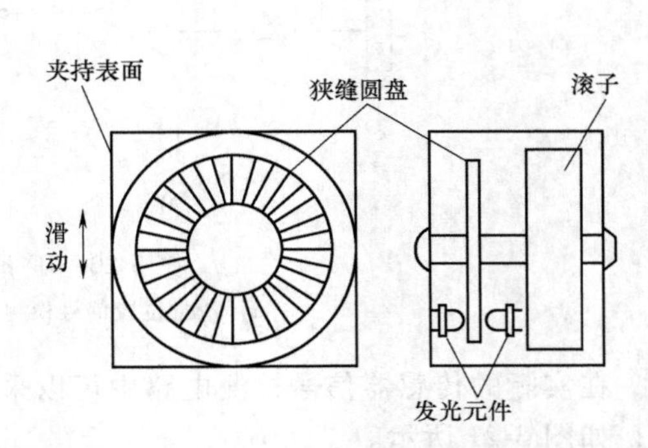

图 3-18 能够实现滑觉的光电式传感器

图 3-19 所示为能够实现压-滑觉的压阻式传感器，该传感器由两个聚合体薄膜构成，其中一个薄膜上黏附着相互交叉的导体，宽度为 0.4mm；另一个薄膜上黏附着一层半导体薄膜，该薄膜的电阻随所受压力的变化而变化。这两层聚合体薄膜对折起来便构成一个能够实现压-滑觉的传感器。

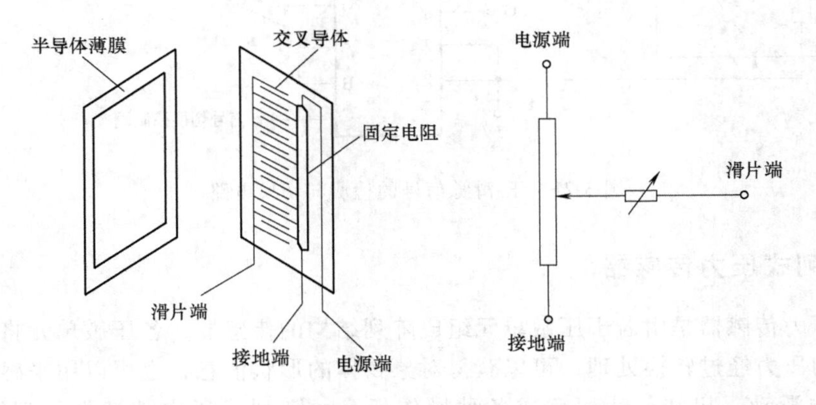

图 3-19 能够实现压-滑觉的压阻式传感器

滑觉位置信号的检测电路如图 3-20a 所示，在固定电阻的电源端和接地端之间加上一个参考电压，当有力施加在力感觉层时，固定电阻上导通处与半导体薄膜之间的电阻减小，从滑片端读出的电压值与力沿着固定电阻方向上所施加的位置成正比。由于采用集成运算放大器构成电压跟随电路，作用力在一定范围内，位置信号与力的大小无关。压力信号的检测电路如图 3-20b 所示，此时固定电阻的电源端和接地端连接在一起，从图中可以看出，作用力

在固定电阻上的位置不同引起电阻值的变化，会造成一定的测量误差。力输出信号 U_F 大小的计算公式为

$$U_F = U_{CC} \cdot \frac{R_K}{R_1 \parallel R_2 + R + R_K} \tag{3-9}$$

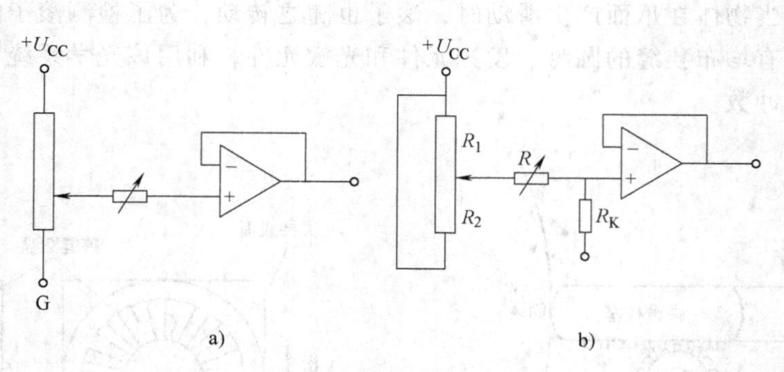

图 3-20　压-滑觉信号的检测电路

a）滑觉位置信号检测电路　b）压力信号检测电路

在实际的传感器信号检测电路中可以采用多路模拟开关来实现压力和滑觉信号检测的切换，如图 3-21 所示。

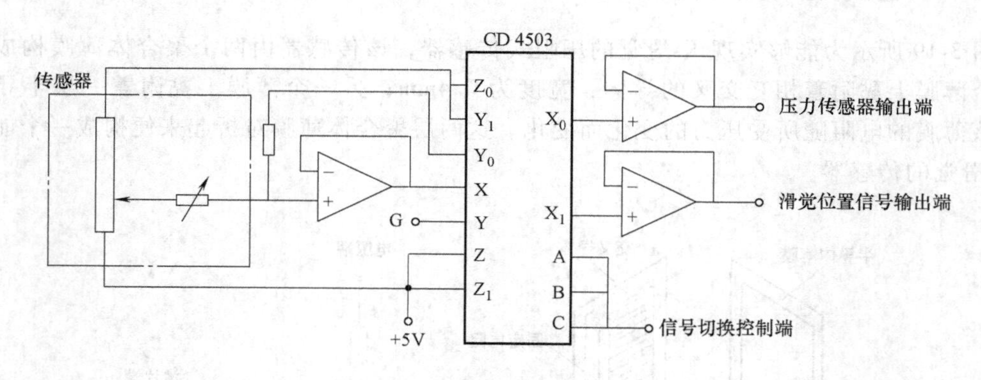

图 3-21　压-滑觉信号的检测与切换电路

3.7.3　阵列式压力传感器

阵列式压力传感器是由若干压敏单元组成阵列结构的传感器，各压敏单元将对象物体与传感器界面的压力经过转换处理，可以获得对象物体的形状信息，也可以用来感受对象物体相对于手爪的滑动、扭转，从而完成各种操作任务。阵列式压力传感器一般可同时实现“接触觉”“压觉”和“滑觉”。下面以美国 LORD 公司研制的 LTS-100 压力传感器（图 3-22）为例，简要介绍阵列式压力传感器。

LTS-100 压力传感器有 64 个压敏单元，每个单元都有一个突起的触点，它们排成 8×8 阵列，形成接触界面，传感器的尺寸如图 3-22 所示，相邻触点间的距离 0. 3in（1in = 2. 54cm）即为它的分辨率。

图 3-23 所示为压力传感器压敏单元的转换原理。当由弹性材料制成的触点受到法向压

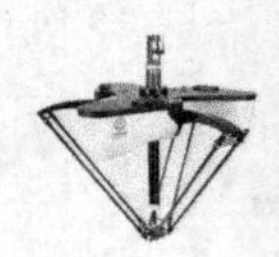

力时，触杆下伸，遮挡了发光二极管射向光敏二极管的一部分光，于是光敏二极管的电信号输出间接地随触点所受压力的大小而连续改变，提供灰度读数。触杆的下伸位移范围可达0.8in。压力传感器的灵敏度约为0.03N。转换性能取决于触点、触杆的性能以及二极管对的特性。一般都采用硬件调试和软件修正，以达到规定的指标。

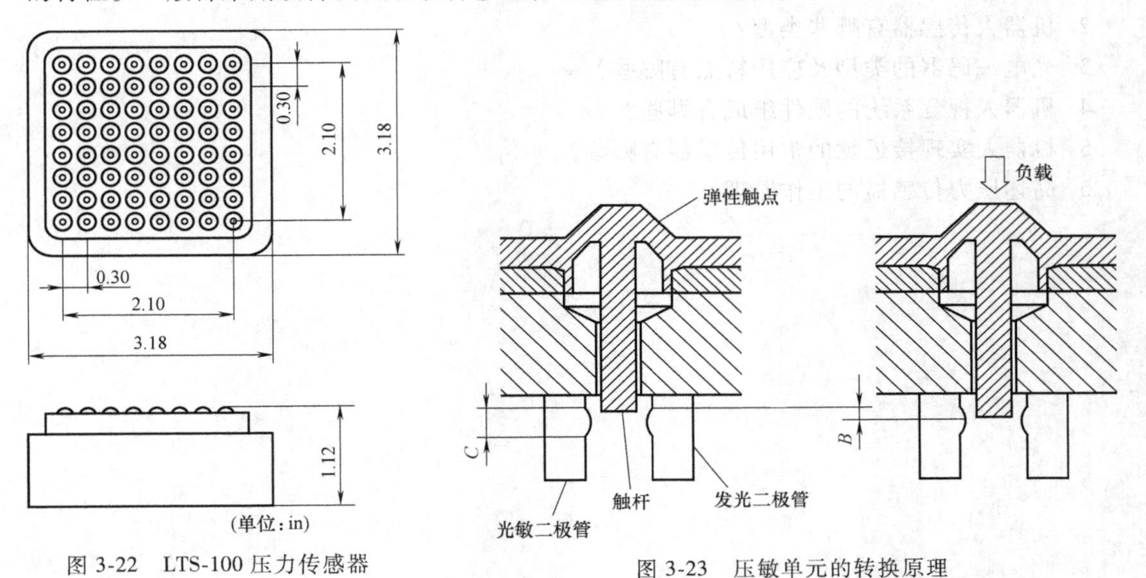

图 3-22　LTS-100 压力传感器

图 3-23　压敏单元的转换原理

LTS-100 压力传感器与微处理器相连，就形成了传感系统，如图 3-24 所示。触点阵列的输出电流由多路模拟开关选通检测，放大后经 8 位 A-D 转换器（ADC）变为灰度不同的触觉数字信号，送往微处理器进行处理。传感器的控制电路接收来自微处理器的选通信号，并接着提供顺序检测地址和触发脉冲，扫描整个阵列，选通信号之间有一定的延迟间隔，以保证放大器和转换器的可靠工作。LTS-100 压力传感器可配合机器人工作，工件放在压力传感器上，经过微处理器处理后的形状、位置信息送往机器人控制器，控制手爪以合适的姿态抓握工件进行装配操作。

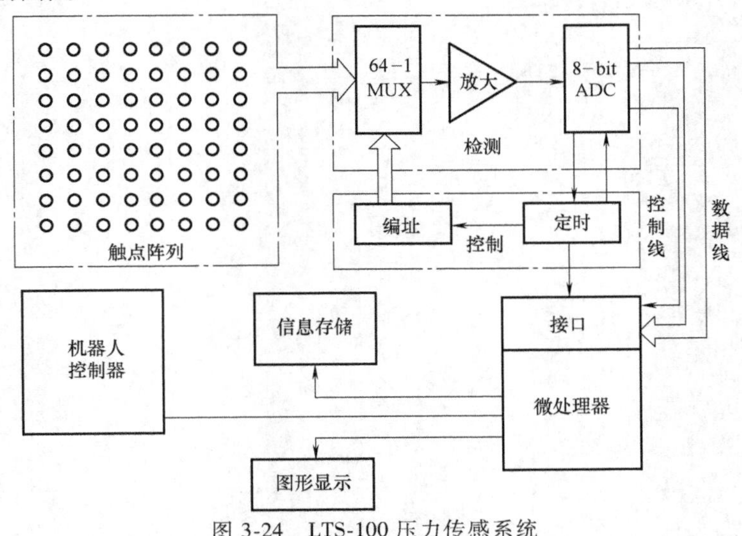

图 3-24　LTS-100 压力传感系统

习　题

1. 选择机器人传感器类型的原则是什么？
2. 机器人传感器有哪些类型？
3. 光电编码器的类型及应用特点有哪些？
4. 机器人视觉系统的硬件组成有哪些？
5. 机器人实现接近觉的常用传感器有哪些？
6. 简述压力传感器的工作原理。

第4章 机器人的驱动系统

机器人的驱动系统是直接驱使各运动部件动作的机构，对机器人的性能和功能影响很大。机器人对驱动系统的要求有如下几点：

1）驱动装置的质量要尽可能轻。单位质量的输出功率要高。

2）反应速度要快。

3）动作平滑，冲击小。

4）控制灵活，位移偏差和速度偏差小。

5）安全可靠。

6）操作维修方便。

驱动技术是机器人技术的重要组成部分。本章首先介绍各驱动方式的特点，并在此基础上分别对电液伺服驱动系统、气压驱动系统、电气驱动系统等进行介绍。

4.1 各种驱动方式的特点

根据能量转换方式，可以将驱动器划分为液压驱动、气压驱动、电气驱动和新型驱动装置。在选择机器人驱动器时，除了要充分考虑机器人的工作要求，如工作速度、最大搬运质量、驱动功率、驱动平稳性、精度要求外，还应考虑机器人是否能够在较大的惯性负载条件下，提供足够的加速度以满足作业要求。

4.1.1 液压驱动的特点

机器人液压驱动所需的压力一般为0.5~31.4MPa。液压驱动的特点有如下几点：

1）能够以较小的驱动器输出较大的驱动力或转矩，即获得较大的功率质量比。

2）可以把驱动液压缸直接做成关节的一部分，故结构简单紧凑、刚性好。

3）由于液体的不可压缩性，定位精度比气压驱动高，并可实现任意位置的起停。

4）液压驱动调速比较简单和平稳，能在很大调整范围内实现无级调速。

5）使用安全阀可简单而有效地防止过载现象发生。

6）液压驱动具有润滑性能好、硬件寿命长的特点。

7）油液容易泄漏。这不仅影响机器人工作的稳定性与定位精度，而且会造成环境污染。

8）因油液黏度随温度变化较大，在温差大的环境下很难应用。

9）因油液中容易混入气泡、水分等，会使系统的刚度降低，速度特性及定位精度

变坏。

10）需配备压力源及复杂的管路系统，因此成本较高。

液压驱动方式大多用于要求输出力较大而运动速度较低的场合。在机器人液压驱动系统中，近年来以电液伺服驱动系统最具有代表性。

4.1.2 气压驱动的特点

气压驱动在工业机械手中用得较多，使用的压力通常为0.4~0.6MPa，最高压力可达1MPa。气压驱动的特点有如下几点：

1）反应速度快。这是因为压缩空气的黏性小、流速快，一般压缩空气在管路中的流速可达180m/s，而油液在管路中的流速通常仅为2.5~4.5m/s。

2）气源获得方便。一般工厂都有压缩空气站供应压缩空气，也可由空气压缩机制取压缩空气。

3）废气可直接排入大气，不会造成污染，因而在任何位置只需一根高压管连接即可工作，比液压驱动干净而简单。

4）通过调节气量可实现无级变速。

5）由于空气的可压缩性，气压驱动系统具有较好的缓冲作用，但难以保证较高的定位精度。

6）可以把驱动器做成关节的一部分，因而结构简单、刚性好、成本低。

7）因为工作压力偏低，所以功率质量比小、驱动装置体积大。

8）使用后的压缩空气向大气排放时，会产生噪声。

9）因压缩空气中含冷凝水，使得气压系统易锈蚀，在低温下易结冰。

4.1.3 电气驱动的特点

电气驱动利用各种电动机产生力和力矩，直接或经过机械传动去驱动执行机构，以获得机器人的各种运动。因为省去了中间能量转换的过程，所以比液压驱动及气压驱动效率高，使用方便且成本低。电气驱动大致可分为普通电动机驱动、步进电动机驱动和直线电动机驱动3类。

（1）普通电动机驱动的特点　普通电动机包括交流电动机、直流电动机及伺服电动机。交流电动机一般不能进行无级调速或难以进行无级调速，即使是多速交流电动机，也只能进行有限的有级调速。直流电动机能够实现无级调速，但直流电源价格较高，因而限制了它在大功率机器人上的应用。

（2）步进电动机驱动的特点　步进电动机驱动的速度和位移大小，可由电气控制系统发出的脉冲数加以控制。由于步进电动机的位移量与脉冲数严格成正比，故步进电动机驱动可以达到较高的重复定位精度，但是步进电动机速度不能太高，控制系统也比较复杂。

（3）直线电动机驱动的特点　直线电动机结构简单、成本低，其动作速度与行程主要取决于其定子与转子的长度。反接制动时，定位精度较低，必须增设缓冲及定位机构。

4.1.4 新型驱动装置的特点

随着机器人技术的发展，出现了各式各样的新型驱动器，如磁致伸缩换能器、压电驱动

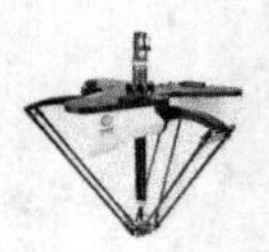

器、静电驱动器、形状记忆合金驱动器、超声波驱动器、人工肌肉、光驱动器等。

(1) 磁致伸缩换能器　磁性体的外部一旦加上磁场，则磁性体的外形尺寸将发生变化（焦耳效应），这种现象称为磁致伸缩现象。此时，如果磁性体在磁化方向的长度增大，则称为正磁致伸缩；如果磁性体在磁化方向的长度减少，则称为负磁致伸缩。从外部对磁性体施加压力，则磁性体的磁化状态会发生变化（维拉利效应），称为逆磁致伸缩现象。磁致伸缩换能器主要用于微小精密驱动的场合。

(2) 压电驱动器　压敏材料是一种受到力作用时其表面上出现与外力大小成比例电荷的材料，又称为压敏陶瓷。反过来，把电场加到压敏材料上，则压敏材料产生应变，输出力或位移。利用这一特性可以制成压电驱动器，这种驱动器可以达到驱动亚微米级的精度。

(3) 静电驱动器　静电驱动器利用电荷间的吸力和排斥力互相作用顺序驱动电极而产生平移运动或旋转运动。因静电作用属于表面力，它和元件尺寸的二次方成正比，在微小尺寸变化时，能够产生很大的能量。

(4) 形状记忆合金驱动器　形状记忆合金是一种特殊的合金，一旦使它记忆了形状，即使发生了变形，当加热到某一适当温度时，它将恢复为变形前的形状。应用此原理制造的形状记忆合金驱动器具有功率质量比大、结构简单、无污染或噪声等优点。

(5) 超声波驱动器　超声波驱动器就是利用超声波振动作为驱动力的一种驱动器，它由振动部分和移动部分组成，靠振动部分和移动部分之间的摩擦力来驱动。

由于超声波驱动器没有铁心和线圈，结构简单、体积小、重量轻、响应快、转矩大，不需配合减速装置就可以低速运行，因此，很适合用于机器人、照相机和摄像机等的驱动。

(6) 人工肌肉　随着机器人技术的发展，驱动器从传统的电动机-减速器的机械运动机制，向骨架-肌腱-肌肉的生物运动机制发展。为了模拟骨骼肌肉的部分功能而研制的驱动装置称为人工肌肉驱动器，如利用机械化学物质的高分子凝胶、形状记忆合金制作的人工肌肉。

(7) 光驱动器　光驱动器的原理是某种强电介质（严密非对称的压电性结晶）受光照射时，会产生光感应电压。这种现象是压电效应和光致伸缩效应的结果。这是电介质内部存在不纯物，导致结晶严密不对称，在光激励过程中引起电荷移动而产生的。

4.2　电液伺服驱动系统

电液伺服驱动系统通过电气传动方式，将电气信号输入系统来操纵有关的液压控制元件动作，控制液压执行元件使其跟随输入信号而动作。在这类伺服系统中，电、液两部分之间采用电液伺服阀作为转换元件。电液伺服驱动系统根据控制物理量的不同可分为位置控制、速度控制、压力控制。

图 4-1 所示为机械手手臂伸缩电液伺服驱动系统原理图。它由电液伺服阀 1、液压缸 2、机械手手臂 3、电位器 4、步进电动机 5、齿轮齿条 6 和放大器 7 等元件组成。当数字控制部分发出一定数量的脉冲信号时，步进电动机带动电位器 4 的动触点转过一定的角度，使动触点偏移电位器中位，产生微弱电压信号，该信号经放大器 7 放大后输入电液伺服阀 1 的控制线圈，使电液伺服阀 1 产生一定的开口量，假设此时压力油经电液伺服阀 1 进入液压缸 2 左腔，推动活塞连同机械手手臂 3 上的齿条相啮合，机械手手臂 3 向右移动时，电位器 4 跟着

做顺时针方向旋转。当电位器4的中位和动触点重合时，动触点输出的电压为零，电液伺服阀1失去信号，阀口关闭，机械手手臂3停止运动，机械手手臂3的行程决定于脉冲信号的数量，速度决定于脉冲信号的频率。当数字控制部分反向发出脉冲信号时，步进电动机向反方向转动，机械手手臂3便向左移动。由于机械手手臂3移动的距离与输入电位器4的转角成比例，机械手手臂3完全跟随输入电位器4的转动而产生相应的位移，所以它是一个带有反馈的位置控制电液伺服驱动系统。

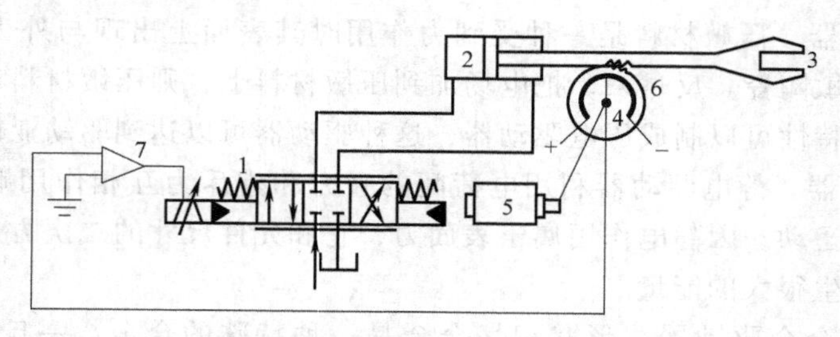

图4-1　机械手手臂伸缩电液伺服驱动系统原理图
1—电液伺服阀　2—液压缸　3—机械手手臂　4—电位器
5—步进电动机　6—齿轮齿条　7—放大器

4.2.1　液压伺服驱动系统

液压伺服驱动系统由液压源、驱动器、伺服阀、位置传感器和控制回路组成，如图4-2所示。液压泵为伺服阀提供压力油。给定位置指令值与位置传感器的实测值之差经放大器放大后送到伺服阀，当有信号输入到伺服阀时，压力油接通到驱动器并驱动载荷。当位置传感器反馈的实测值与给定位置指令值相同时，驱动器便停止。伺服阀在液压伺服驱动系统中是不可缺少的一部分，它利用电信号实现液压系统的能量控制。在响应快、载荷大的伺服系统中往往采用液压驱动器，原因在于液压驱动器的输出力与质量比最大。

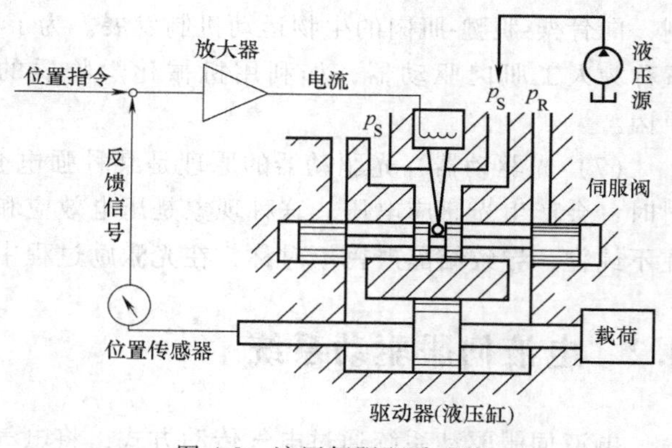

图4-2　液压伺服驱动系统

电液伺服阀是电液伺服驱动系统中的放大转换元件，它把输入的小功率电流信号转换并放大成液压功率输出，实现执行元件的位移、速度、加速度及力的控制。

(1) 电液伺服阀的构成　电液伺服阀通常由电气-机械转换装置、液压放大器和反馈(平衡)机构3部分组成。电气-机械转换装置用来将输入的电信号转换为转角或直线位移输出，常用的转换装置为电动机。

液压放大器接收小功率的电气-机械转换装置输入的转角或直线位移信号，对大功率的压力油进行调节和分配，实现控制功率的转换和放大。反馈和平衡机构使电液伺服阀输出的流量或压力获得与输入信号成比例的特性。

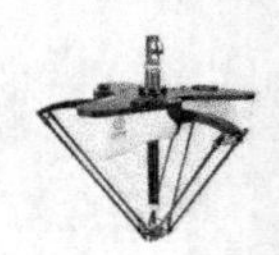

（2）电液伺服阀的工作原理　图 4-3 所示为喷嘴挡板式电液伺服阀的工作原理图。图中上半部分为力矩电动机，下半部分为前置级（喷嘴挡板）和主滑阀。当没有电流信号输入时，力矩电动机无力矩输出，与衔铁 5 固定在一起的挡板 9 处于中位，主滑阀阀芯也处于中（零）位。液压泵输出的油液（压力为 p_s）进入主滑阀阀口，因阀芯两端台肩将阀口关闭，油液不能进入 A、B 口，但经过固定节流孔 10 和 13 分别引到喷嘴 8 和 7，经喷射后液流流回油箱。由于挡板处于中位，两喷嘴与挡板的间隙相等，因而油液流经喷嘴的液阻相等，则喷嘴前的压力 p_1 与 p_2 相等，主滑阀的阀芯两端压力相等，阀芯处于中位。若线圈输入电流，控制线圈中将产生磁通，使衔铁上产生磁力矩。当磁力矩为顺时针方向时，衔铁连同挡板一起绕弹簧管中的支点顺时针方向偏转。图 4-3 中左喷嘴 8 的间隙减小、右喷嘴 7 的间隙增大，即压力 p_1 增大、p_2 减小，主滑阀阀芯在两端压差的作用下向右运动，开启阀口，p_s 口与 B 口相通，A 口与 T 口相通，在主滑阀阀芯向右运动的同时，通过挡板下边的弹簧杆 11 的反馈作用使挡板向逆时针方向偏转，使左喷嘴 8 的间隙增大，右喷嘴 7 的间隙减小，于是压力 p_1 减小、p_2 增大。当主滑阀阀芯向右移动到某一位置，由两端压力差（p_1-p_2）形成的液压力通过反馈弹簧杆 11 作用在挡板上的力矩、喷嘴液流压力作用在挡板上的力矩以及弹簧管的反力矩之和与力矩电动机产生的电磁力矩相等时，主滑阀阀芯受力平衡，稳定在一定的开口下工作。

显然，通过改变输入电流的大小，可成比例地调节电磁力矩，从而得到不同的主阀开口大小。若改变输入电流方向，主滑阀阀芯反向位移，可实现液流的反向控制。图 4-3 中主滑阀阀芯的最终工作位置是通过挡板弹性反力反馈作用达到平衡的，因此称为力反馈式。除力反馈式之外还有位置反馈式、负载流量反馈式、负载压力反馈式等。

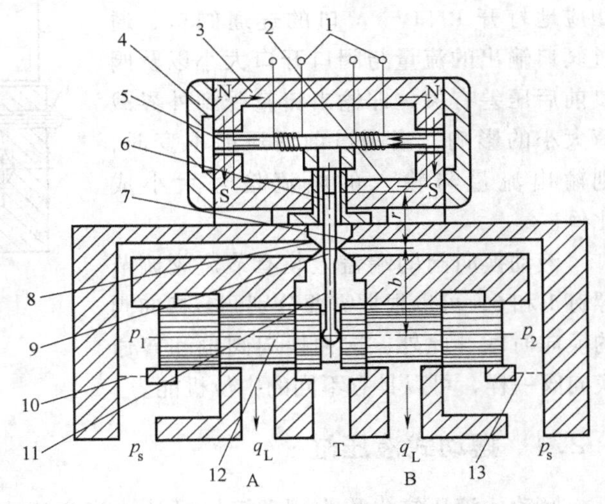

图 4-3　喷嘴挡板式电液伺服阀的工作原理图

1—线圈　2、3—导磁体　4—永久磁铁　5—衔铁　6—弹簧管　7、8—喷嘴　9—挡板　10、13—固定节流孔　11—反馈弹簧杆　12—主滑阀

4.2.2　电液比例控制

电液比例控制是介于普通液压阀的开关控制和电液伺服控制之间的控制方式。它能实现液流压力和流量连续地、按比例地跟随控制信号变化。因此，它的控制性能优于开关控制，与电液伺服控制相比，其控制精度和响应速度较低。因为它的核心元件是电液比例阀，所以简称比例阀控制。

图 4-4 所示为电液比例压力阀的结构示意图。它由压力阀 1 和电动机 2 两部分组成，当电动机的线圈通入电流 I 时，推杆 3 通过钢球 4、弹簧 5 把电磁推力传给锥阀 6。推力的大小与电流 I 成正比，当阀进油口 P 处的压力油作用在锥阀 6 上的力大于弹簧力时，油液通过阀口由出油口 T 排出，这个阀的阀口开度是不影响电磁推力的，但当通过阀口的流量变化时，由于阀座上的小孔 d 处压差的改变以及稳态液动力的变化等，被控制的油液压力依然有

一些改变。

4.2.3 电液比例换向阀

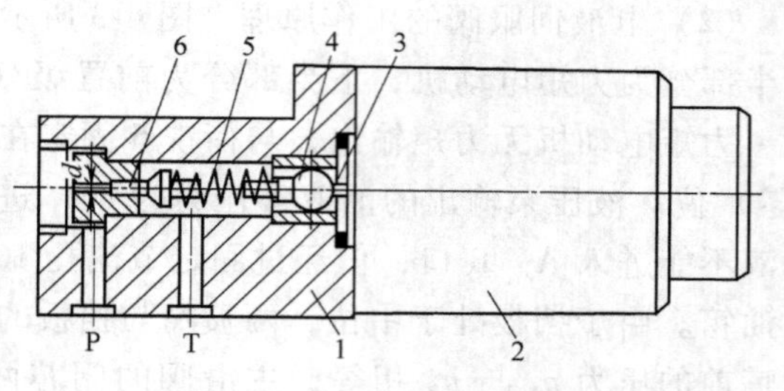

图 4-4 电液比例压力阀结构示意图

1—压力阀 2—电动机 3—推杆

4—钢球 5—弹簧 6—锥阀

电液比例换向阀一般由电液比例减压阀和液动换向阀组合而成，前者作为先导阀，以其出口压力来控制液动换向阀的正反向开口量的大小，从而控制液流方向和流量的大小。电液比例换向阀的工作原理图如图 4-5 所示，先导式电液比例减压阀由两个比例电磁铁 2、4 和阀芯 3 组成，当输入电流信号给电磁铁 2 时，阀芯向右移，供油压力 p 经右边阀口减压后，经通道 a、b 反馈至阀芯 3 的右端，与电磁铁 2 的电磁力平衡。因而减压后的压力与供油压力大小无关，而只与输入电流信号的大小成比例。减压后的油液经通道 a、c 作用在换向阀阀芯 5 的右端，使阀芯左移，打开 P 口与 B 口的连通阀口并压缩左端的弹簧，阀芯 5 的移动量与控制油压的大小成正比，即阀口的开口大小与输入电流信号成正比。如输入电流信号给比例电磁铁 4，则相应地打开 P 口与 A 口的连通阀口，通过阀口输出的流量与阀口开口大小以及阀口前后压差有关，即输出流量受到外界载荷大小的影响，当阀口前后压差不变时，则输出流量与输入的电流信号大小成比例。

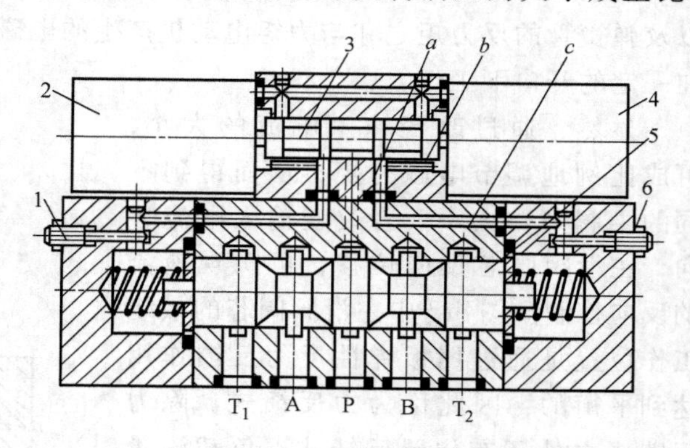

图 4-5 电液比例换向阀的工作原理图

1、6—螺钉 2、4—电磁铁 3、5—阀芯

液动换向阀的端盖上装有节流阀调节螺钉 1 和 6，可以根据需要分别调节换向阀的换向时间，此外，这种换向阀也和普通换向阀一样，可以具有不同的中位机能。

4.2.4 摆动式液压缸

摆动式液压缸也称为摆动液压马达。当它通入压力油时，它的主轴能输出小于 360°的摆动运动，常用于夹具夹紧装置、送料装置、转位装置以及需要周期性进给的系统中。图 4-6a 所示为单叶片式摆动缸，它的摆动角度较大，可达 300°。当单叶片式摆动缸进出油口压力分别为 p_1 与 p_2、输入流量为 q 时，它的输出转矩 T 和角速度 ω 分别为

$$T = b\int_{R_1}^{R_2}(p_1 - p_2)r\mathrm{d}r = \frac{b}{2}(R_2^2 - R_1^2)(p_1 - p_2) \tag{4-1}$$

$$\omega = 2\pi n = \frac{2q}{b}(R_2^2 - R_1^2) \tag{4-2}$$

式中 b——叶片宽度；

R_1——叶片底部的回转半径；

R_2——叶片顶部的回转半径。

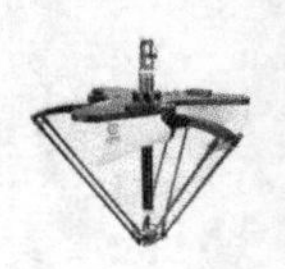

图 4-6b 所示为双叶片式摆动缸，它的摆动角度较小，可达150°，它的输出转矩是单叶片式摆动缸的两倍，而角速度则是单叶片式摆动缸的一半。

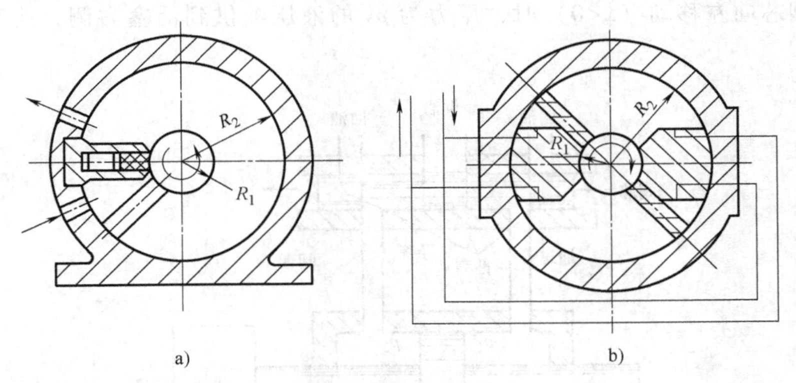

图 4-6 摆动式液压缸
a）单叶片式摆动缸 b）双叶片式摆动缸

4.2.5 齿条传动液压缸

齿条传动液压缸结构形式很多，图 4-7 所示是一种用于驱动回转工作台回转的齿条传动液压缸。图中两个活塞 4、7 用螺钉固定在齿条 5 的两端，两个端盖 2 和 8 通过螺钉、压板和半圆环 3 连接在缸筒上。当压力油从油口 A 进入缸的左腔时，推动齿条活塞向右运动，通过齿轮 6 带动回转工作台运动。液压缸右腔的回油经油口 B 排出。当压力油从油口 B 进入右腔时，齿条活塞向左移动，齿轮 6 反方向回转，左腔的回油经油口 A 排出。活塞的行程可由两端盖上的螺钉 1、9 调节，端盖 2 和 8 上的沉孔和活塞 4 上两端的凸头组成间隙式缓冲装置。

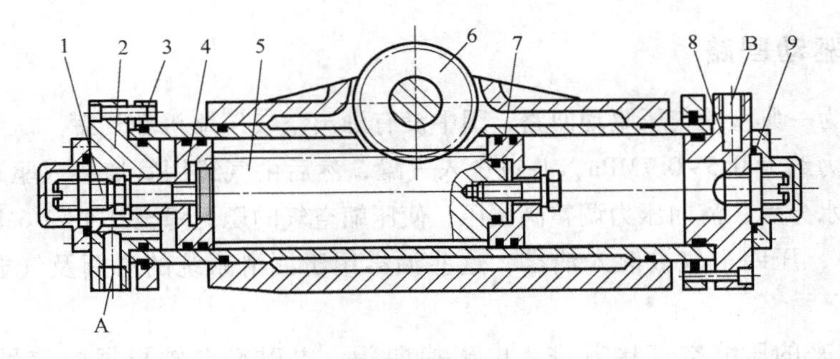

图 4-7 齿条传动液压缸
1、9—螺钉 2、8—端盖 3—半圆环 4、7—活塞 5—齿条 6—齿轮

4.2.6 液压伺服马达

控制用的阀和驱动用的液压缸或液压马达组合起来形成液压伺服马达。液压伺服马达也可以视为把阀的输入位移转换成压差并高效率地驱动载荷的驱动器。图 4-8 所示为滑阀伺服马达的工作原理图。伺服马达有阀套和在阀套内沿轴线移动的阀芯，阀芯的移动靠阀套上的 5 个油口和阀肩的 3 个凸肩实现，中部的供油口连接有一定压力的液压源，两侧的 2 个油口

接油箱，2个载荷口与驱动器相连。当供油口处于关闭状态，阀芯向右移动（$x>0$）时，供油压力为 p_s，经过节流口从左通道流到驱动器活塞左侧并以压力 p_1 使载荷向右（$y>0$）移动。相反，阀芯向左移动（$x<0$）时，压力为 p_2 的液压油供到活塞右侧，使载荷向左移动（$y<0$）。

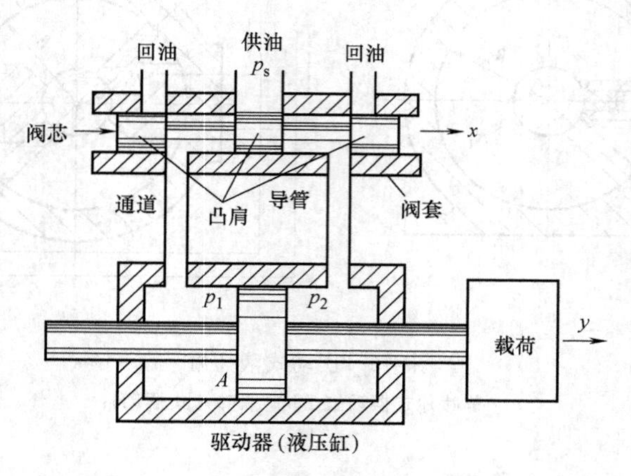

图 4-8　滑阀伺服马达的工作原理图

4.3　气压驱动系统

气压驱动系统的组成与液压系统有许多相似之处，但在以下方面有明显的不同：

1）空气压缩机输出的压缩空气首先储存于气罐中，然后供给各个回路使用。

2）气动回路使用过的空气不必回收，可直接经排气口排入大气，因而没有回收空气的回气管道。

4.3.1　气压驱动回路

图 4-9 所示为一典型的气压驱动回路，图中没有画出空气压缩机和气罐。压缩空气由空气压缩机产生，其压力约为 0.5~0.7MPa，并被送入气罐，然后由气罐用管道接入驱动回路，在过滤器内除去灰尘和水分后，流向压力调整阀调压，使压缩空气的压力降至 0.4~0.6MPa。

在油雾器中，压缩空气被混入油雾，这些油雾用于润滑系统的滑阀及气缸，同时也起一定的防锈作用。

从油雾器出来的压缩空气接着进入电磁换向阀，电磁换向阀根据电信号改变阀芯的位置，使压缩空气进入气缸 A 腔或者 B 腔，驱动活塞向右或者向左运动。

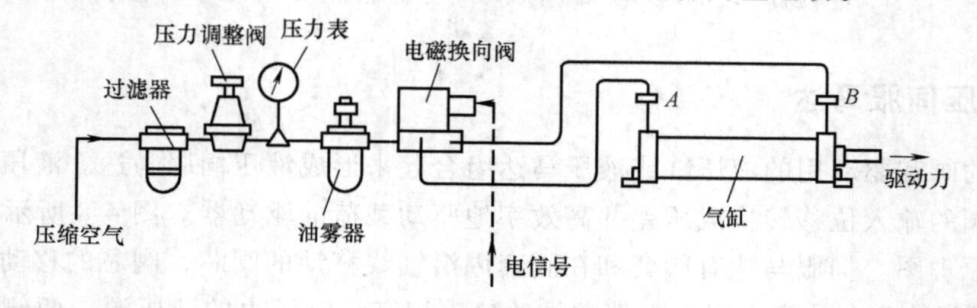

图 4-9　气压驱动回路

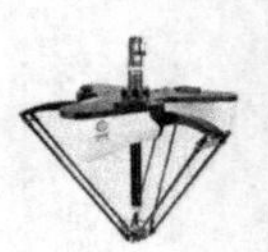

4.3.2 气源系统的组成

一般规定，当排气量大于或等于 6m^3/min 时，就有必要单独设立压缩空气站。压缩空气站主要由空气压缩机、吸气过滤器、后冷却器、油水分离器和气罐组成。如需要质量更高的压缩空气，还应附设气体的干燥、净化等处理装置。

（1）空气压缩机　空气压缩机种类很多，主要有活塞式、叶片式、螺杆式、离心式、轴流式、混流式等。前三种为容积式，后三种为速度式。

所谓容积式就是采用周期性地改变气体容积的方法，即通过缩小空气的体积，使单位体积内气体分子密度增加，形成压缩空气。而速度式则是先让气体分子得到一个很高的速度，然后让它停滞下来，将动能转化为静压能，使气体的压力提高。

选择空气压缩机的基本参数是供气量和工作压力。工作压力应当和空气压缩机的额定排气压力相符，而供气量应当与所选压缩机的排气量相符。

（2）气源净化辅助设备　气源净化辅助设备包括后冷却器、油水分离器、气罐、干燥器、过滤器等。

1）后冷却器。后冷却器安装在空气压缩机出口处的管道。它使空气压缩机排出的温度高达 150℃ 左右的压缩空气降温，同时使混入压缩空气的水分和油分凝聚成水滴和油滴。通过后冷却器的压缩空气温度降至 40~50℃。

后冷却器主要有风冷式和水冷式两种，风冷式冷却器如图 4-10 所示。风冷式冷却器是靠风扇产生的冷空气吹向带散热片的热气管道来降低压缩空气温度的。它不需要循环冷却水，所以具有占地面积小、使用及维护方便等特点。

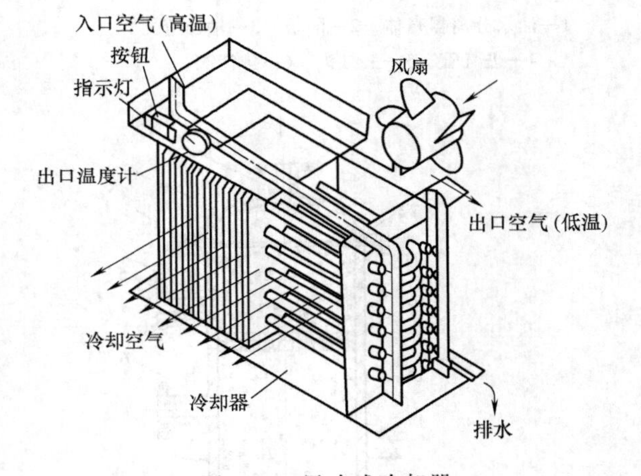

图 4-10　风冷式冷却器

2）油水分离器。油水分离器的作用是分离压缩空气中的水分、油分和灰尘等杂质，使压缩空气初步得到净化，其结构形式有环形回转式、撞击折回式、离心旋转式、水浴式及以上形式的组合等。撞击折回式油水分离器结构如图 4-11 所示。当压缩空气由进气管 4 进入分离器壳体以后，气流先受到隔板 2 的阻挡，被撞击而折回向下，之后又上升并产生环形回转，最后从输出管 3 排出。与此同时，在压缩空气中凝聚的水滴、油滴等杂质受惯性力的作用而分离析出，沉降于壳体底部，由排污阀 6 定期排出。

3）气罐。气罐如图 4-12 所示，其作用是储存一定量的压缩空气，保证供给气动装置连续和稳定的压缩空气，并可减小气流脉动所造成的管道振动。同时，还可进一步分离油水杂质。气罐上通常装有安全阀、压力表、排污阀等。

4）干燥器。如图 4-13 所示，干燥器是为了进一步排除压缩空气中的水分、油分与杂质，以供给高度干燥、洁净压缩空气的气动装置。

5）过滤器。过滤器如图 4-14 所示。对于要求较高的压缩空气，经干燥处理之后，还要经过二次过滤。过滤器大致有陶瓷过滤器、焦炭过滤器、粉末冶金过滤器及纤维过滤器等。

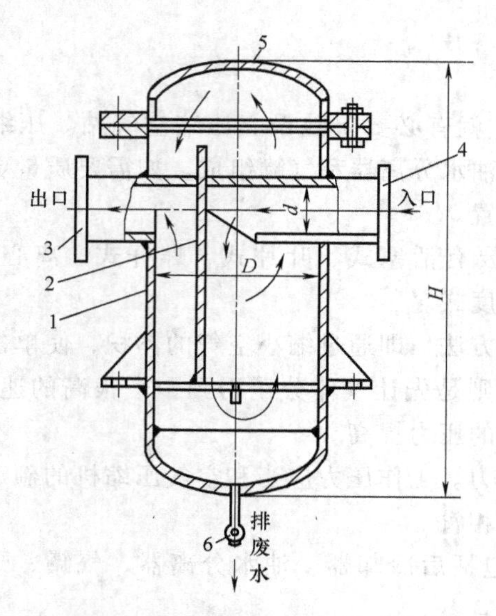

图 4-11　撞击折回式油水分离器

1—油水分离器壳体　2—隔板　3—输出管
4—进气管　5—上封头　6—排污阀

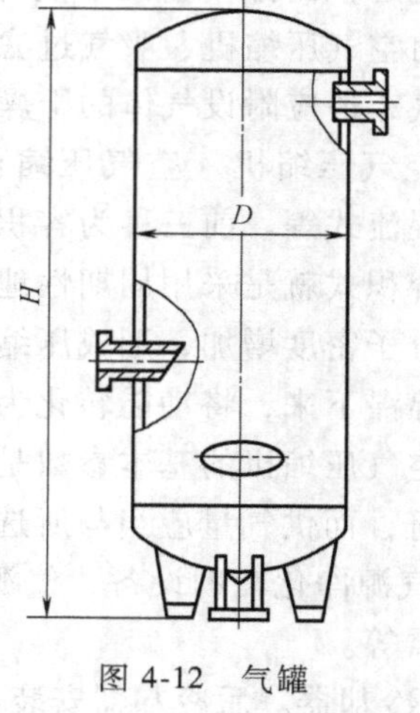

图 4-12　气罐

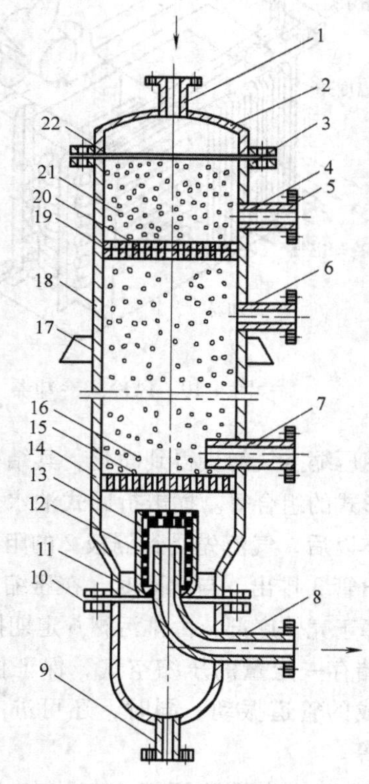

图 4-13　干燥器

1—湿空气进气管　2—椭圆封头　3、5、10—法兰　4、6—再生空气排气管
7—再生空气进气管　8—干燥空气输出管　9—排气管　11、22—密
封垫　12、15、20—钢丝过滤网　13—毛毡　14—下栅板
16、21—吸附剂　17—支承板　18—外壳　19—上栅板

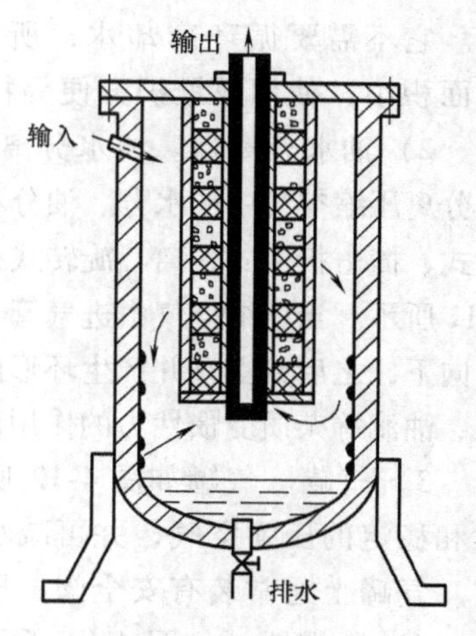

图 4-14　过滤器

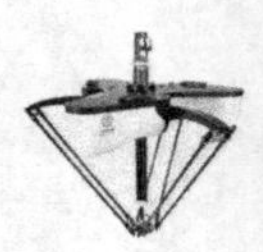

4.3.3 气压驱动器

典型的气压驱动器有直线气缸和旋转气动马达两种。气压驱动器除了用压缩空气作为工作介质外，其他方面与液压驱动器类似。气压驱动器结构简单、安全可靠、价格便宜。但是由于空气的可压缩性，精度和可控性较差，不能应用在高精度的场合。

(1) 叶片式气动马达　由于空气的可压缩性，使得气缸的特性与液压缸的特性有所不同。因为压缩空气的温度和压力变化时将导致密度的变化，所以采用质量流量比体积流量更方便。假设气缸不受温度变化的影响，则质量流量 Q_M 与活塞速度 v 之间有如下关系。

$$Q_M=\frac{1}{RT}\left(\frac{V}{k}\cdot\frac{dp}{dt}+pAv\right) \tag{4-3}$$

式中　R——气体常数；

T——绝对温度；

V——气缸腔的容积；

k——比热常数；

p——气缸腔内压力；

A——活塞的有效受压面积。

可以看出，在气动系统中，活塞速度与流量之间的关系不是 $v=Q/A$ 那样简单，气动系统所产生的力与液压系统相同，也可以用 $F=pA$ 来表达。典型的气动马达有叶片马达和径向活塞马达，其工作原理与液压马达相同。气动机械的噪声较大，有时要安装消声器。图 4-15 所示为叶片式气动马达结构图。叶片式气动马达的优点是转速高、体积小、质量轻，其缺点是输出功率较小。

(2) 气压驱动的控制结构　图 4-16 所示为气压驱动器的控制原理，它由放大器、电动部件及变速器、位移（或转角）-气压变换器和气-电变换器等组成。放大器把输入的控制信号放大后去推动电动部件及变速器，电动部件及变速器把电能转化为机械能，产生线位移或角位移。最后通过位移-气压变换器产生与控制信号相对应的气压值。位移-气压变换器是喷嘴挡板式气压变换器。气-电变换器把输出的气压信号变成电气信号用作显示或反馈。

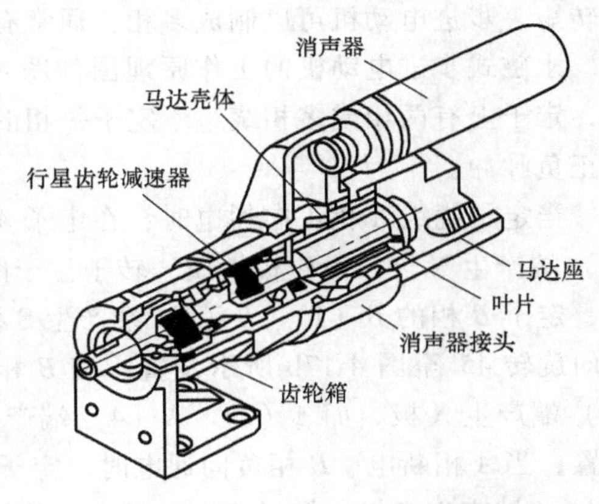

图 4-15　叶片式气动马达结构图

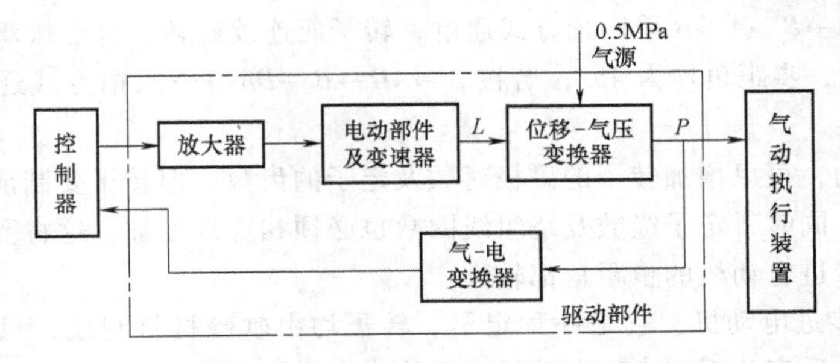

图 4-16　气压驱动器的控制原理

4.4 电气驱动系统

电气驱动是利用各种电动机产生的力或力矩，直接或经过机械传动机构去驱动机器人的关节，以获得要求的位置、速度和加速度。电气驱动具有无环境污染、易于控制、运动精度高、成本低、驱动效率高等优点，应用最为广泛，电气驱动可分为步进电动机驱动、直流伺服电动机驱动、交流伺服电动机驱动和直线电动机驱动。交流伺服电动机驱动具有大的转矩质量比和转矩体积比，没有直流电动机的电刷和整流子，因而可靠性高，运行时几乎不需要维护，可用在防爆场合，因此在现代机器人中广泛应用。

4.4.1 步进电动机

步进电动机是一种用电脉冲信号进行控制，将电脉冲信号转换成相应的角位移或线位移的控制电动机。由于步进电动机的步距或转速不受电压波动和负载变化的影响，不受环境条件的限制，仅与脉冲频率同步，能按控制脉冲的要求立即起动、停止、反转或改变转速，它每一转都有固定的步数，在不丢步的情况下运行时，步距误差不会长期积累，因此，它不仅可在闭环系统中用作控制元件，而且在程序控制系统中作开发控制和传动元件用时能大大简化系统。

步进电动机种类繁多，常用的有以下三种：

（1）永磁式步进电动机　它是一种由永磁体建立励磁磁场的步进电动机，也称永磁转子型步进电动机。其缺点是步距大、起动频率低；其优点是控制功率小、在断电情况下有定位转矩。步进电动机可以制成多相，通常有一相、两相和三相。

永磁式步进电动机的工作原理图如图 4-17 所示。转子为一对磁极或多对磁极的星形磁钢，定子上有两相或多相绕组，定子每相的轴线与转子的轴线相对，这类电动机要求电源提供正负脉冲。

当定子绕组 A 相正向通电时，在定子 A 相的 A（1）、A（3）端产生 S 极，而 A（2）、A（4）端产生 N 极，由磁极性质，转子位于图 4-17a 所示位置上；当 A 相断电、B 相正向通电时，定子 B 相的 B（1）、B（3）端产生 S 极，而 B（2）、B（4）端产生 N 极，转子顺时针方向旋转 45°至图 4-17b 所示位置；当 B 相断电、A 相负向通电时，定子 A 相的 A（1）、A（3）端产生 N 极，而 A（2）、A（4）端产生 S 极，转子再顺时针方向转 45°至图 4-17c 所示位置；当 A 相断电、B 相负向通电时，定子 B 相的 B（1）、B（3）端产生 N 极，而 B（2）、B（4）端产生 S 极，转子再顺时针方向旋转 45°至图 4-17d 所示位置。

依次按上述 $A \to B \to A \to B$ 单四拍方式通电，转子便连续旋转，也可按双四拍的方式 $AB \to BA \to AB \to BA$ 通电，步距角均为 45°，若按 $A \to AB \to B \to BA \to \cdots$ 八拍方式通电，则旋转步距角为 22.5°。

要减小步距角，可以增加转子的磁极对数及定子的齿数，但转子要制成 N-S 相间的多对磁极是很困难的，同时，定子级数及绕组线圈数也必须相应地增加，这将受到定子空间的限制，因此永磁式步进电动机的步距角都较大。

（2）反应式步进电动机　它是一种定子、转子均由软磁材料制成，只有控制绕组，基于磁导的变化产生反应转矩的步进电动机，又称为变磁阻反应式步进电动机。它的结构按绕

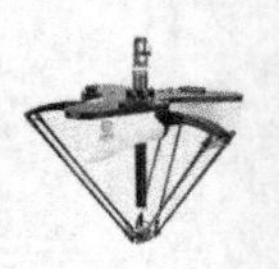

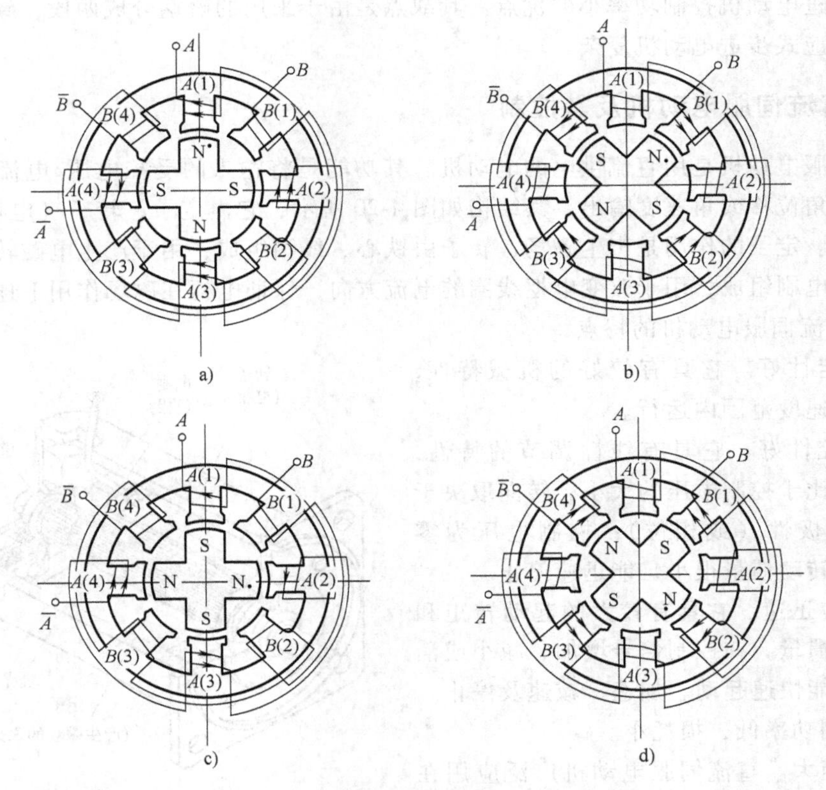

图 4-17 永磁式步进电动机工作原理图

组的顺序可分为径向分相和轴向分相。按铁心分段，则有单段式（图 4-18）和多段式（图 4-19）。

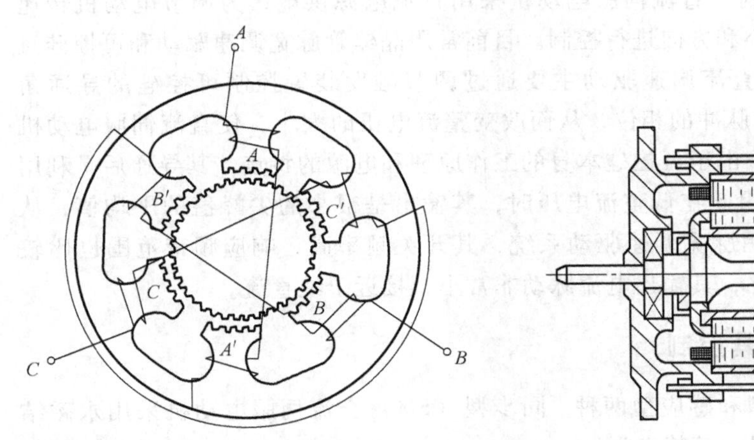

图 4-18 单段式步进电动机

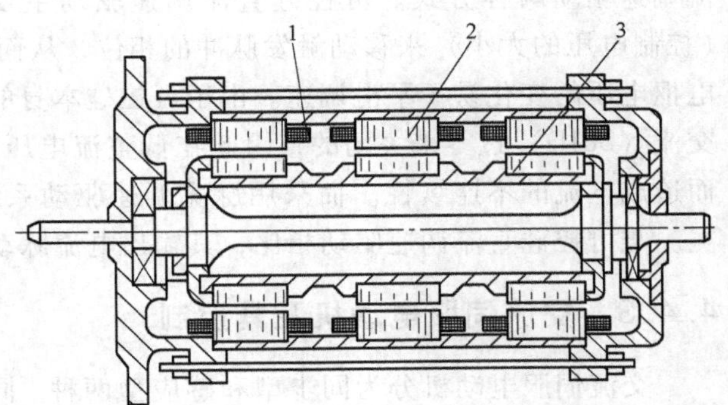

图 4-19 多段式步进电动机结构图

1—线圈 2—定子 3—转子

（3）永磁感应式步进电动机 它的定子结构与反应式步进电动机相同，而转子由环形磁钢和两段铁心组成，它与反应式步进电动机一样，具有小步距和较高的起动频率，同时又有永磁式步进电动机控制功率小的优点。其缺点是由于采用的磁钢分成两段，致使制造工艺和结构比反应式步进电动机复杂。

4.4.2 直流伺服电动机及其控制

直流伺服电动机是用直流供电的电动机。其功能是将输入的受控电压/电流能量转换为电枢轴上的角位移或角速度输出。其结构如图 4-20 所示，它由定子、转子（电枢）、换向器和机壳组成。定子的作用是产生磁场，转子由铁心、线圈组成，用于产生电磁转矩；换向器由整流子、电刷组成，用于改变电枢线圈的电流方向，保证电枢在磁场作用下连续旋转。

（1）直流伺服电动机的特点

1）稳定性好。它具有较好的机械特性，能在较宽的速度范围内运行。

2）可控性好。它具有线性调节的特性，能使转速正比于控制电压的大小；转向取决于控制电压的极性（或相位）；控制电压为零时，转子的转动惯量很小，能迅速停止。

3）响应迅速。它具有较大的起动转矩和较小的转动惯量，在控制信号增加、减小或消失的瞬间，能快速起动、加速、减速及停止。

4）控制功率低，损耗小。

5）转矩大。直流伺服电动机广泛应用在脉宽调速系统和精确位置控制系统中，其额定功率为 1～600W，额定电压有 6V、9V、12V、24V、27V、48V、110V、220V 等，额定转速可达 1500～1600r/min。

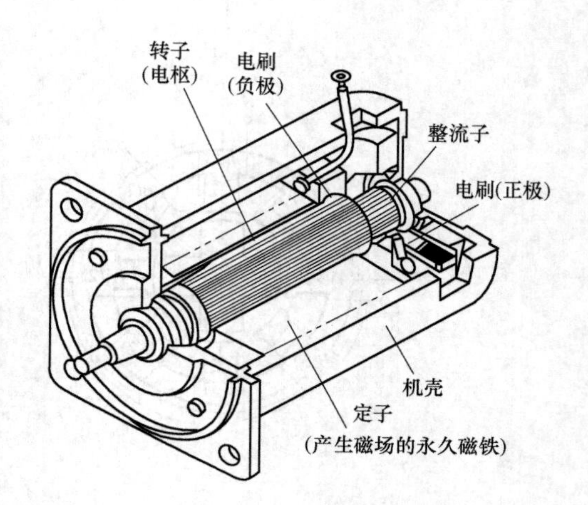

图 4-20 直流伺服电动机结构图

（2）直流伺服电动机的控制　直流伺服电动机采用直流电源供电，为调节电动机转速和方向需要对其直流电压的大小和方向进行控制。目前常用晶体管脉宽调速驱动和可控硅直流调速驱动两种方式。可控硅直流调速驱动主要通过调节触发装置控制可控硅的导通角（控制电压的大小）来移动触发脉冲的相位，从而改变整流电压的大小，使直流伺服电动机电枢电压的变化易于平滑调速。由于可控硅本身的工作原理和电源的特点，其导通后是利用交流（50Hz）过零来关闭的，因此在低整流电压时，其输出是很小的尖峰值的平均值，从而造成电流的不连续性。而采用脉宽调速驱动系统，其开关频率高，响应频带范围也比较宽。与可控硅直流调速驱动相比，其输出电流脉动非常小，接近于纯直流。

4.4.3 交流伺服电动机及其控制

交流伺服电动机分为同步型和感应型两种。同步型（SM）交流伺服电动机采用永磁结构，又称为无刷直流伺服电动机，其特点为：

1）无接触换向部件。

2）需要磁极位置检测器（如编码器）。

3）具有直流伺服电动机的全部优点。

感应型（LM）交流伺服电动机即笼型感应电动机，其特点为：

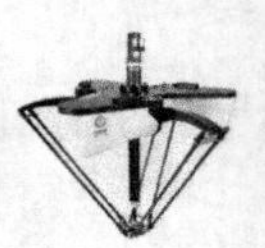

1）对定子电流的激励分量和转矩分量分别控制。

2）具有直流伺服电动机的全部优点。

下面介绍交流伺服电动机的控制方法。

1）交流伺服电动机转速的基本关系式为

$$n=\frac{60f}{p}(1-S) \tag{4-4}$$

式中　n——交流伺服电动机转速（r/min）；

f——电源电压频率（Hz）；

p——交流伺服电动机磁极对数；

S——交流伺服电动机转差率。

2）交流伺服电动机定子旋转磁场转速（即同步转速）为

$$n_0=\frac{60f}{p} \tag{4-5}$$

3）交流伺服电动机的转差率为

$$S=\frac{n_0-n}{n_0} \tag{4-6}$$

由式（4-4）~式（4-6）可见，改变交流伺服电动机转速的方法有三种：

1）改变磁极对数 p 调速，一般的交流伺服电动机磁极对数不能改变，磁极对数可变的交流伺服电动机称为多速电动机。通常，磁极对数设计成 4/2、8/4、6/4、8/6/4 等几种。显然磁极对数只能成对改变，转速只能成倍改变，速度不可能平滑调节。

2）改变转差率 S 调速。此办法只适用于绕线式异步电动机，在转子绕组回路中串联接入电阻使电动机机械特性变软，转差率增大。串入电阻越大，转速越低，调速范围通常为3：1。

3）改变频率 f 调速。如果电源频率能平滑调节，那么电动机转速也就能平滑改变。目前，高性能的调速系统大都采用这种方法，设计了专门为电动机供电的变频器 VFD 变频调速器。

4.4.4　直线电动机

目前直线电动机主要应用的机型有直线感应电动机、直线直流电动机和直线步进电动机三种。与旋转电动机相比，直线电动机传动主要有以下优点：

1）直线电动机由于不需要中间传动机械，因而使整个机械得到简化，提高了精度，减少了振动和噪声。

2）快速响应。用直线电动机驱动时，由于不存在中间传动机构惯量和阻力矩的影响，因而加速和减速时间短，可实现快速起动和正反向运行。

3）仪表用的直线电动机，可省去电刷和换向器等易损零件，提高了可靠性，延长了寿命。

4）直线电动机由于散热面积大，容易冷却，所以允许采用较高的电磁负荷，可提高电动机的容量定额。

5）装配灵活性大，可将电动机和其他机件合成一体。

（1）直线感应电动机　直线感应电动机可以看作是由普通的旋转感应电动机直接演变

而来的。图 4-21a 所示为旋转型直线感应电动机的定子和转子，设想将它沿径向剖开，并将定子、转子沿圆周方向展成直线，如图 4-21b 所示，这就得到了平板型直线感应电动机。由定子演变而来的一侧称为初级，由转子演变而来的一侧称为次级。直线感应电动机的运动方式可以是固定初级、让次级运动，称为动次级；相反，也可以固定次级而让初级运动，称为动初级。

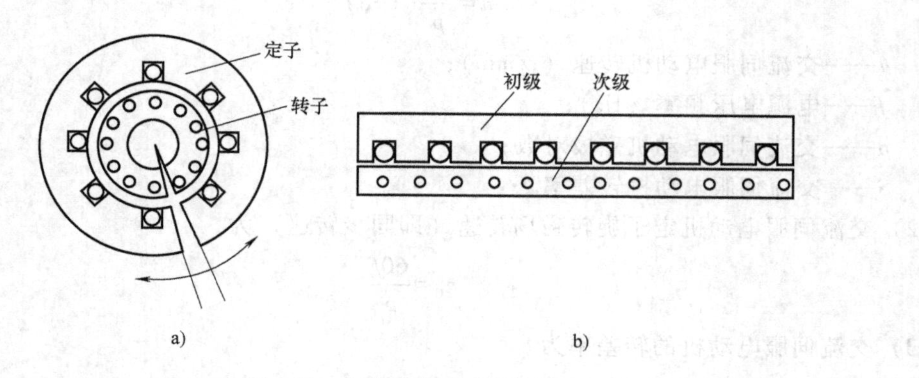

图 4-21　直线感应电动机的形成

a）旋转型直线感应电动机的定子和转子　b）平板型直线感应电动机的初级和次级

图 4-22 中直线感应电动机的初级和次级长度是不等的。因为初、次级要做相对运动，假定在开始时初、次级正好对齐，那么在运动过程中，初、次级之间的电磁耦合部分将逐渐减少，影响正常运行。因此在实际应用中，必须把初级和次级做得不等。其他几种形式如图 4-23~图 4-26 所示。

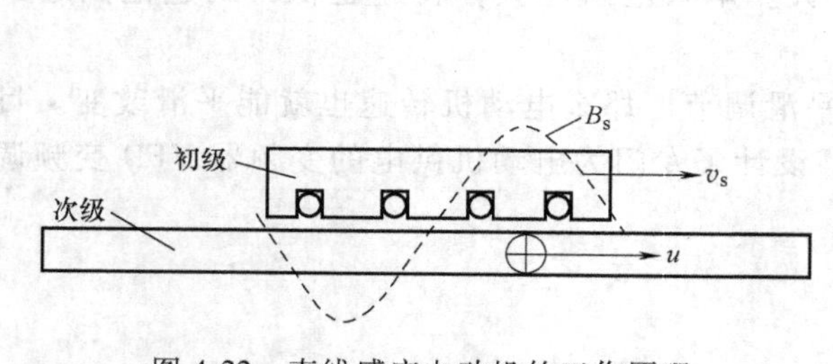

图 4-22　直线感应电动机的工作原理

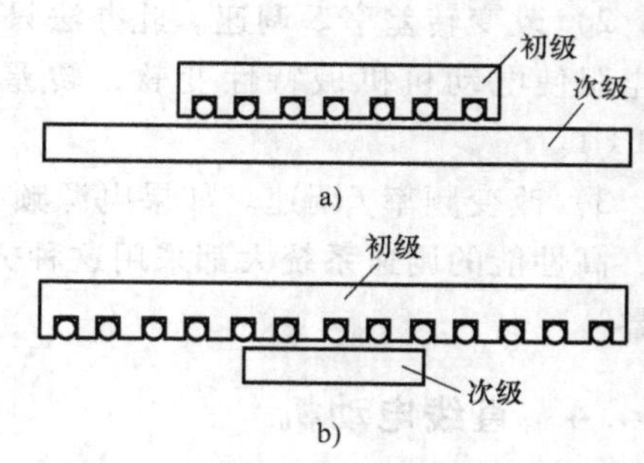

图 4-23　平板型直线感应电动机

a）短初级　b）短次级

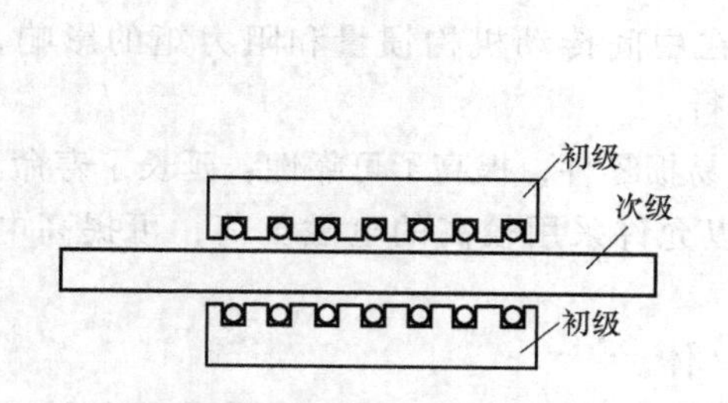

图 4-24　双边型直线感应电动机

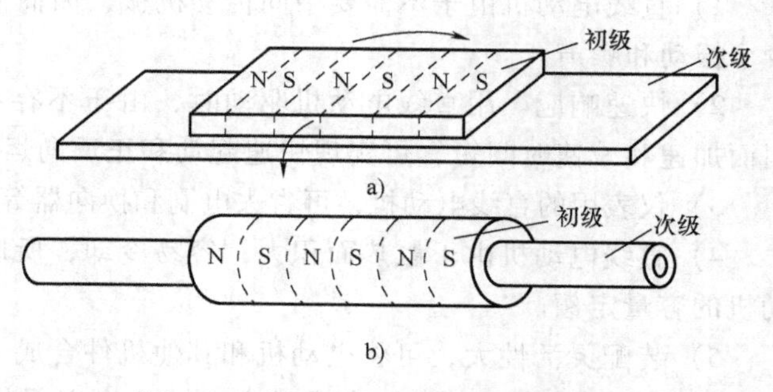

图 4-25　管型直线感应电动机的形成

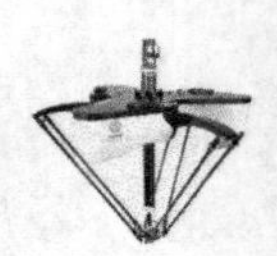

（2）直线直流电动机 直线直流电动机主要有两种类型：永磁式和电磁式。永磁式直线直流电动机推力小，但运行平稳，多用在音频线圈和功率较小的自动记录仪表中，如记录仪中笔的纵横走向的驱动，照相机中快门和光圈的操作机构，电梯门控制器的驱动等；电磁式直线直流电动机驱动功率较大，但运动平稳性不好，一般用于驱动功率较大的场合。永磁式、长行程的直线直流无刷电动机如图4-27所示。

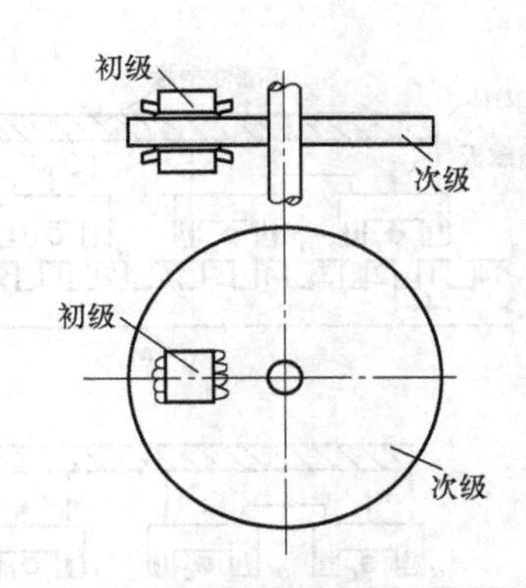

图4-26 圆盘型直线感应电动机

当需要功率较大时，上述直线电动机中的永久磁铁所产生的磁通可改为由绕组通入直流电励磁产生，这就称为电磁式直线直流电动机，如图4-28所示。

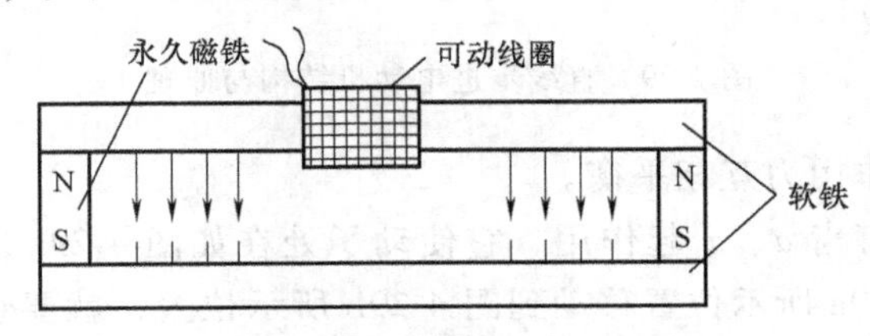

图4-27 永磁式直线直流电动机

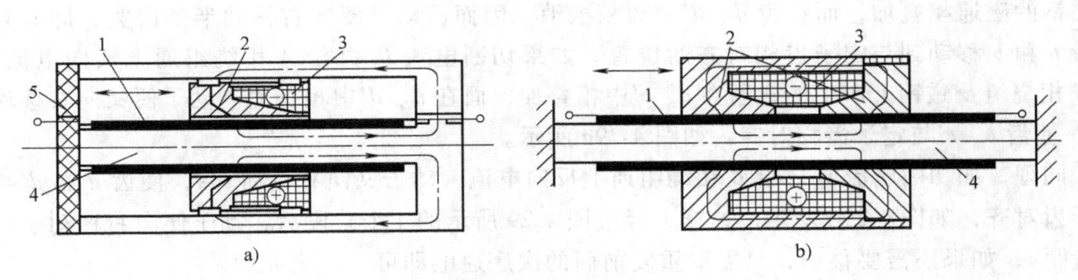

图4-28 电磁式直线直流电动机

a）单级 b）两级

1—电枢绕组 2—极靴 3—励磁绕组 4—电枢铁心 5—非磁性端板

（3）直线步进电动机 直线步进电动机如图4-29所示，定子用磁铁材料制成，称为定尺。其上开有矩形齿槽，槽中填充非磁性材料，使整个定子表面非常光滑。动子上装有两块永久磁钢A和B，每一磁极端部装有用磁铁材料制成的⊓形极片。每块极片有两个齿（如a和c），齿距为$1.5t$，这样当齿a与定子齿对齐时，齿c便对准槽。同一磁钢的两个极片间隔的距离刚好使齿a与a'能同时对准定子的齿，即它们的间隔是加kt，k代表任意整数。

磁钢B与A相同，但极性相反，它们之间距离等于$\left(k\pm\frac{1}{4}\right)t$。这样，当其中一个磁钢的齿完全与定子齿和槽对齐时，另一磁钢的齿则应处在定子的齿和槽的中间。在磁钢A和B的两个⊓形极片上分别装有控制绕组。如果某一瞬间，A相绕组中通入直流电流i_A，并假定箭头指向左边的电流为正向，如图4-29a所示。这时A相绕组所产生的磁通在齿a、a'中与永久磁钢的磁通相叠加，而在齿c、c'中却相抵消，使齿c、c'全部去磁，不起任何作用。在这过程中B相绕组不通电流，即$i_B=0$，磁钢B的磁通量在齿d、d'和b、d'中相等，沿着动

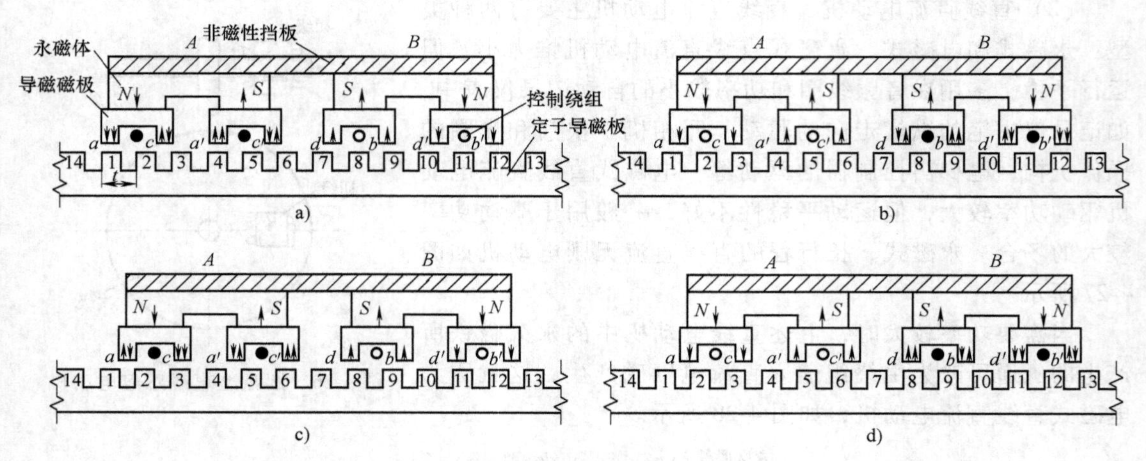

图 4-29　直线步进电动机结构与原理

子移动方向各齿产生的作用力互相平衡。

概括说来，这时只有齿 a、a'起作用，它使动子处在如图 4-29a 所示的位置，为了使动子向右移动，即从图 4-29a 所示位置移动到图 4-29b 所示位置，就要切断加在 A 相绕组的电源，使 $i_A=0$，同时给 B 相绕组通入正向电流 i_B。这时在齿 b 和 b'中，B 相绕组产生的磁通与磁钢的磁通相叠加，而在齿 d、d'中却相抵消。因而，动子便向右移动半个齿宽，即 $t/4$，使齿 b 和 b'移动到与定子齿相对齐的位置。如果切断电流 i_B 并给 A 相绕组通上反向电流，则 A 相绕组及磁钢上产生的磁通在 c、c'中相叠加，而在 d、d'中相抵消。动子便又向右移动 $t/4$，使齿 c、c'与定子齿相对齐，如图 4-29c 所示。

同理，如切断电流 i_A，给 B 相绕组通上反向电流，动子又向右移动 $t/4$，使齿 d 和 d'与定子齿对齐，如图 4-29d 所示。这样，经过图 4-29 所示的 4 个阶段后，动子便向右移动了一个齿距 t，如果还需要移动，只需要重复前面的次序通电即可。反之亦然。

习　题

1. 简述液压驱动、气压驱动、电气驱动各有什么优缺点。
2. 简述电液伺服系统工作原理以及它在机器人驱动中的作用。
3. 直线电动机通常分哪几种形式？在机器人中可用于哪方面的驱动？

第5章 工业机器人的控制系统

5.1 控制系统概述

机器人要运动，就要对它的位置、速度、加速度以及力或力矩等进行控制，由于机器人的结构是一个空间开链机构，其各个关节的运动是独立的，为了实现末端点的运动轨迹，需要多关节协调运动。因此其控制系统与普通的控制系统相比要复杂得多。

机器人的控制与机构运动学及动力学密切相关。机器人手足的状态可以在各种坐标系下进行描述，应当根据需要选择不同的参考坐标系，并作适当的坐标变换。机器人控制系统经常要求正向运动学和反向运动学的解，此外还要考虑惯性力、外力等的影响。

一个简单的机器人至少有3~5个自由度，比较复杂的机器人有十几个甚至几十个自由度。每个自由度一般包含一个伺服机构，它们共同组成一个多变量控制系统。把多个独立的伺服系统有机地协调起来，使其按照人的意志行动，甚至赋予机器人一定的“智能”，这个任务只能由计算机来完成，因此机器人控制必须是一个计算机控制系统。

描述机器人状态和运动的数学模型是一个非线性模型，随着状态的不同和外力的变化，其参数也在变化，各变量之间还存在耦合。因此，仅仅利用位置闭环是不够的，还要利用速度闭环甚至加速度闭环。机器人控制系统中经常使用重力补偿、前馈、解耦或自适应控制等方法。

机器人的动作往往可以通过不同的方式和路径来完成，因此存在一个“最优”的问题。较高级的机器人可以用人工智能的方法，用计算机建立庞大的信息库，借助于信息库进行控制、决策、管理和操作，根据传感器和模式识别的方法获得对象及环境的工况，按照给定的指标要求自动地选择最佳的控制规律。

5.2 工业机器人控制的分类

工业机器人控制按坐标控制分，可分为关节空间运动控制和直角坐标空间运动控制；按控制系统对环境变化的适应度分，可分为程序控制系统、适应性控制系统和人工智能控制系统；按同时控制的机器人数目分，可分为单控系统和群控系统；按运动控制方式分，可分为位置控制、速度控制、力或力矩控制和智能控制。

(1) 位置控制方式　机器人位置控制又分为点位控制和连续轨迹控制。

① 点位控制。这类控制的特点是仅控制离散点上机器人手爪或工具的位姿，要求尽快

而无超调地实现相邻点之间的运动，但对相邻点之间的运动轨迹一般不做具体规定。点位控制的主要技术指标是定位精度和完成运动所需的时间。例如，在印刷电路上安插元件、点焊、搬运、上下料等工作，都采用点位控制方式。

② 连续轨迹控制。这类运动控制的特点是连续控制机器人手爪的位姿轨迹。一般要求速度可控、轨迹光滑且运动平稳。轨迹控制的技术指标是轨迹精度和平稳性，例如，在弧焊、喷漆、切割等场所的机器人控制均属这一类。

（2）速度控制方式　对机器人运动控制来说，在位置控制的同时，有时还要进行速度控制。例如，在连续轨迹控制方式的情况下，机器人按预定的指令，控制运动部件的速度和实行加、减速，以满足运动平稳、定位准确的要求。为了实现这一要求，机器人的行程要遵循一定的速度变化曲线。由于机器人是一种工作情况（行程负载）多变、惯性负载大的运动机械，要处理好速度与平稳的矛盾，必须控制起动加速和停止前的减速这两个过渡运动区段。

（3）力（力矩）控制方式　在进行装配或抓取物体等作业时，机器人末端操作器与环境或作业对象的表面接触，除了要求准确定位之外，还要求使用适度的力或力矩进行工作，这时就要采取力（力矩）控制方式。力（力矩）控制是对位置控制的补充，这种方式的控制原理与位置伺服控制原理基本相同，只不过输入量和反馈量不是位置信号，而是力（力矩）信号，因此，系统中有力（力矩）传感器，有时也利用接近觉、滑觉等感觉功能进行适应性控制。

（4）智能控制方式　机器人的智能控制是通过传感器获得周围环境的状态，并根据自身内部的数据库做出相应的决策。采用智能控制技术，使机器人具有较强的环境适应性及自学习能力。智能控制技术的发展有赖于近年来的人工神经网络、遗传算法、专家系统等人工智能的迅速发展。

5.3　工业机器人的位置控制

工业机器人位置控制的目的是使机器人各关节实现预先所规划的运动，最终保证机器人终端（手爪）沿预定的轨迹运行。实际应用中的机器人大多为串接的连杆结构，其动态特性具有高度的非线性。但在其控制系统的设计中，往往把机器人的每个关节当成一个独立的伺服机构来处理。伺服系统一般在关节坐标空间中制定参考值输入，采用基于坐标的控制。

机器人通常每个关节都装有位置传感器以测量关节位移，有时还用速度传感器（如测速发电机）检测关节速度。虽然关节的驱动和传动方式多种多样，但都可以视为每一个关节由一个驱动器单独驱动。工业机器人很少采用开环控制方式，而是大部分采用反馈控制，利用关节上的力传感器得到反馈信息，计算所需的力矩，发出相应的力矩指令，以实现要求的运动。

从机器人动力学中可以知道，机器人是耦合的非线性动力学系统。但由于直流伺服电动机的转矩小，转速高，必须采用减速器，其速比往往接近100。这使得负载的变化（例如由于机器人关节角的变化使得转动惯量发生变化）折算到电动机轴上要除以速度的二次方，因此电动机轴上的负载变化很小，可以按定常系统处理。各关节之间的耦合作用也因减速器的存在而受到削弱。

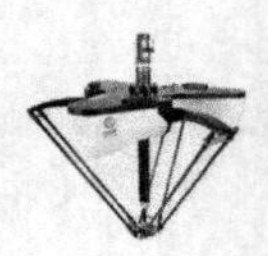

5.3.1　基于伺服电动机的单关节控制器

(1) 单关节控制器　图 5-1 所示为直流伺服电动机单关节角位置控制系统框图。其中 θ_d 为要求关节角（给定值）。下面研究一个单关节及其关联的连杆，并认为此连杆是刚体，所研究的关节的转动（或平动）将使关节整体运动。

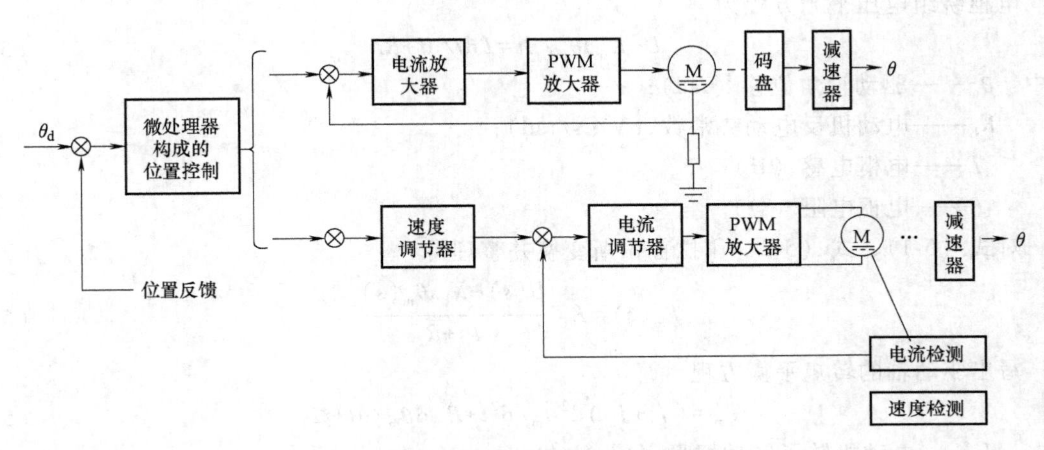

图 5-1　单关节角位置控制系统框图

首先要建立系统的数学模型。如图 5-2 所示，直流伺服电动机输出转矩为 T_m，转速比为 $i=\dfrac{n_m}{n_s}$ 的齿轮箱驱动负载轴。

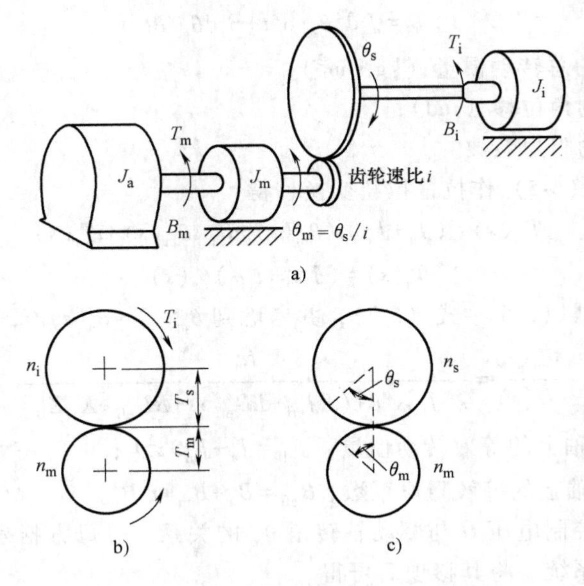

图 5-2　一个关节的齿轮和负载的组合原理

a）关节传递示意图　b）齿轮传递转矩图　c）齿轮转角图

下面来研究负载轴转角 θ_m 与电动机的电枢电压 U 之间的传递函数。电动机的输出转矩为

$$T_m = K_c I \tag{5-1}$$

式中 K_c——电动机的转矩常数（N·m/A）；

I——电枢绕组电流（A）。

电枢绕组电压平衡方程为

$$U - K_b \mathrm{d}\theta_m / \mathrm{d}t = L\mathrm{d}I/\mathrm{d}t + RI \tag{5-2}$$

式中 θ_m——驱动轴角位移（rad）；

K_b——电动机反电动势常数（V·s/rad）；

L——电枢电感（H）；

R——电枢电阻（Ω）。

对式（5-1）、式（5-2）作拉普拉斯变换并整理得

$$T_m(s) = K_C \frac{U(s) - K_b s\theta_m(s)}{Ls + R} \tag{5-3}$$

写出驱动轴的转矩平衡方程

$$T_m = (J_a + J_m)\mathrm{d}^2\theta_m/\mathrm{d}^2 t + B_m \mathrm{d}\theta_m/\mathrm{d}t + iT_i \tag{5-4}$$

式中 J_a——电动机转子转动惯量（kg·m²）；

J_m——关节部分在齿轮箱驱动侧的转动惯量（kg·m²）；

B_m——驱动侧的阻尼系数（N·m·s/rad）；

T_i——负载侧的总转矩（N·m）。

负载轴的转矩平衡方程为

$$T_i = J_i \mathrm{d}^2\theta_s/\mathrm{d}^2 t + B_i \mathrm{d}\theta_s/\mathrm{d}t \tag{5-5}$$

式中 J_i——负载轴的总转动惯量（kg·m²）；

θ_s——负载轴的角位移（rad）；

B_i——负载轴的阻尼系数。

将式（5-4）、式（5-5）作拉普拉斯变换，得

$$T_m(s) = (J_a + J_m)s^2\theta_m(s) + B_m s\theta_m(s) + iT_i(s) \tag{5-6}$$

$$T_i(s) = (J_i s^2 + B_i s)\theta_s(s) \tag{5-7}$$

联合式（5-3）、式（5-5）~式（5-7），并考虑到 $\theta_m(s) = \theta_s(s)/i$，可导出

$$\frac{\theta_m(s)}{U(s)} = \frac{K_C}{s[J_{eff}s^2 L + (RJ_{eff} + LB_{eff})s + RB_{eff} + K_C K_b]} \tag{5-8}$$

式中 J_{eff}——电动机轴上的等效转动惯量，$J_{eff} = J_a + J_m + i^2 J_i$；

B_{eff}——电动机轴上的等效阻尼系数，$B_{eff} = B_a + B_m + i^2 B_i$。

此式描述了输入控制电压 U 与驱动轴转角 θ_m 的关系。分母方括号内的部分表示该系统是一个二阶速度控制系统。将其移项后可得

$$\frac{s\theta_m(s)}{U(s)} = \frac{\omega_m(s)}{U(s)} = \frac{K_C}{J_{eff}s^2 L + (RJ_{eff} + LB_{eff})s + RB_{eff} + K_C K_b} \tag{5-9}$$

为了实现对负载轴的角位移控制，必须进行负载轴的角位移反馈，即用某一时刻 t 所需

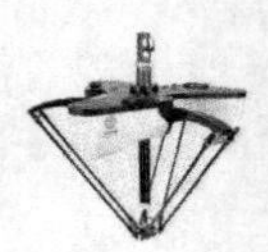

要的角位移 θ_d 与实际角位移 θ_s 之差所产生的电压来控制该系统。

用电位器或光学编码器都可以求取位置误差，误差电压为

$$U(t)=K_\theta(\theta_d-\theta_s) \tag{5-10}$$

$$U(s)=K_\theta[\theta_d(s)-\theta_s(s)] \tag{5-11}$$

式中　K_θ—转换常数（V/rad）

此控制器的传递函数框图如图 5-3 所示。其开环传递函数为

$$\frac{\theta_d(s)}{E(s)}=\frac{iK_\theta K_C}{s[J_{eff}Ls^2+(RJ_{eff}+LB_{eff})s+RB_{eff}+K_C K_b]} \tag{5-12}$$

机器人驱动电动机的电感 L 一般很小（10mH），而电阻约为 1Ω，所以可以略去式（5-12）中的电感 L，结果为

$$\frac{\theta_d(s)}{E(s)}=\frac{iK_\theta K_C}{s(RJ_{eff}s+RB_{eff}+K_C K_b)} \tag{5-13}$$

图 5-3 所示的单关节位置反馈伺服控制系统的闭环传递函数为

$$\frac{\theta_s(s)}{\theta_d(s)}=\frac{\theta_s/E}{1+\theta_s/E}=\frac{iK_\theta K_C}{RJ_{eff}s^2+(RB_{eff}+K_C K_b)s+iK_\theta K_C} \tag{5-14}$$

这是一个二阶系统，对连续时间系统来说，理论上是稳定的，要改善响应速度，可提高系统增益。将测速发电机实时测量输出转速加入电动机轴速度负反馈，对系统引入了一定的阻尼，从而增强了反电动势的效果。

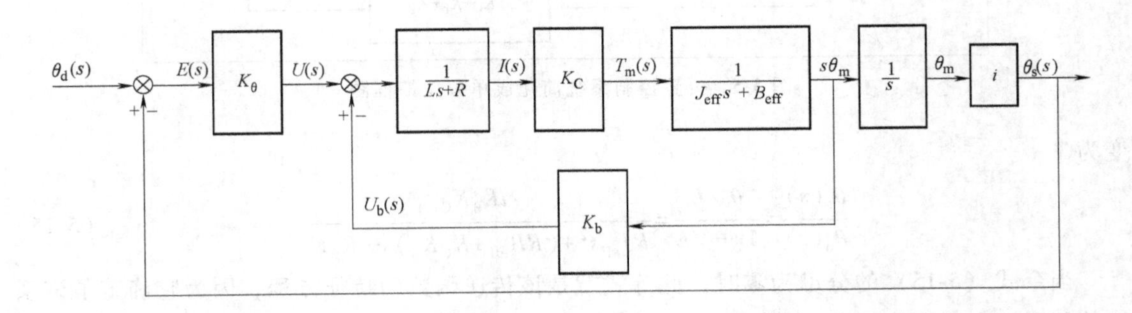

图 5-3　单关节位置反馈伺服控制系统传递函数框图

图 5-4 所示为导出的控制器的传递函数框图。其中 K_t 是测速发电机常数（单位为 V · s/rad），K_b 是测速发电机反馈系数，反馈电压是 $K_b s\theta_m(t)+K_b K_t s\theta_m(t)$。

在图 5-5 所示的位置控制系统简化成单位反馈框图中，考虑了摩擦力矩、外负载力矩、重力矩以及向心力的作用。

为计算机器人的响应，还需要有每个关节的有效转动惯量。转动惯量随负载而出现大的变化，使控制问题负载化，而且在所有状态下要确保系统稳定，也必须考虑这一点。

（2）增益常数的确定　由式（5-14）可知，输出角位移 θ_s 与指令输出角 θ_d 之比值正比于转矩常数 K_C 和增益常数 K_θ），K_θ 是位移传感器的输出电压与输入输出轴间角度差的比值，一般作为电子放大器的增益提供，这个值对控制性能至关重要。

在把测速发电机引入图 5−3 所示的伺服系统结构框图中之后，输入对输出的传递函数

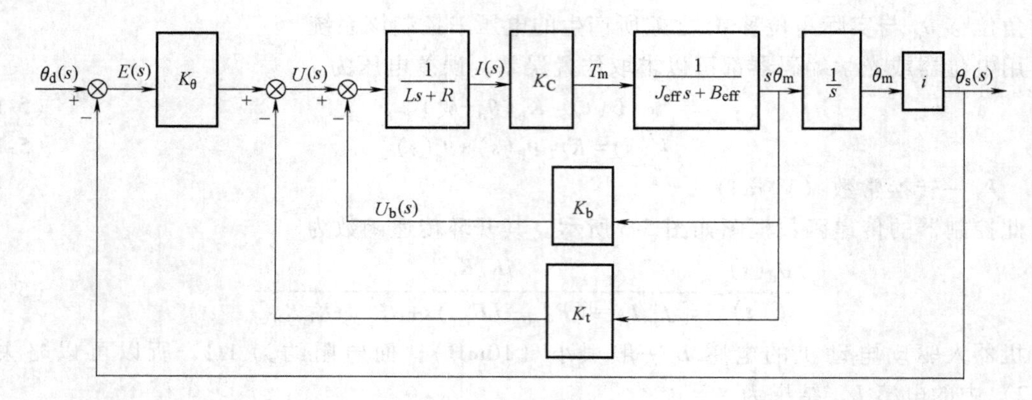

图 5-4　带速度反馈单关节位置伺服控制系统传递函数框图

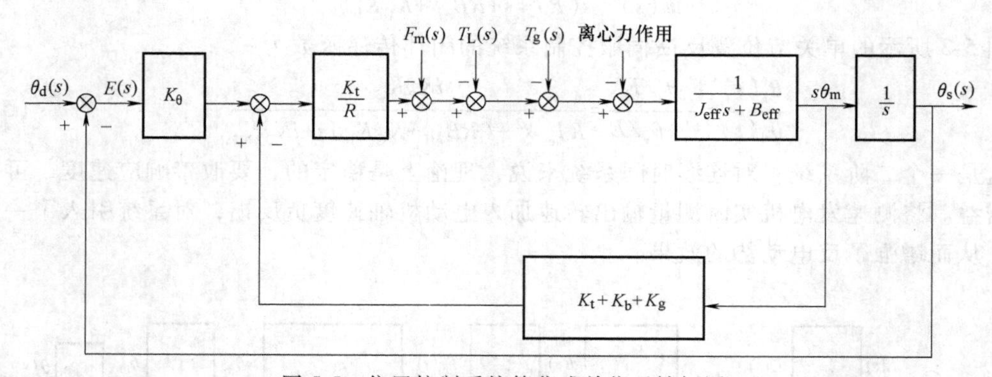

图 5-5　位置控制系统简化成单位反馈框图

变为

$$\frac{\theta_s(s)}{\theta_d(s)}=\frac{\theta_s/E}{1+\theta_s/E}=\frac{iK_\theta K_C}{RJ_{eff}s^2+(RB_{eff}+K_C K_b)s+iK_\theta K_C} \tag{5-15}$$

当令式（5-15）的分母为零时，此等式就是该传递函数的特征方程，因为它确定了该系统的阻尼比和无阻尼振荡频率。特征方程为

$$RJ_{eff}s^2+(RB_{eff}+K_C K_b)s+iK_\theta K_C=0 \tag{5-16}$$

此式可改写成

$$s^2+2\xi\omega_n s=\omega_n^2=0 \tag{5-17}$$

$$\xi=\frac{RB_{eff}+K_C K_b}{2(iK_\theta K_C RJ_{eff})^{0.5}} \tag{5-18}$$

式中　ξ——阻尼比；

ω_n——无阻尼振荡频率，$\omega_n=\left(\frac{iK_\theta K_C}{RJ_{eff}}\right)^{0.5}>0$。

（3）关节控制器的静态误差　根据以上的分析，考虑到重负载和其他转矩的影响，可导出图 5-5 所示的框图。以任一扰乱作为干扰输入，可写出干扰对输出的传递函数。利用拉普拉斯变换中的终值定理，即可求得因干扰引起的静态误差。

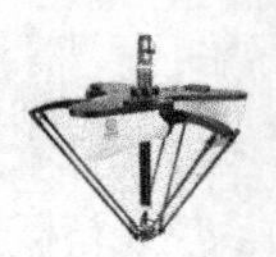

5.3.2 基于交流伺服电动机的单关节控制器

图 5-6 所示为三相 Y 联结 AC 无刷电动机的电流控制。

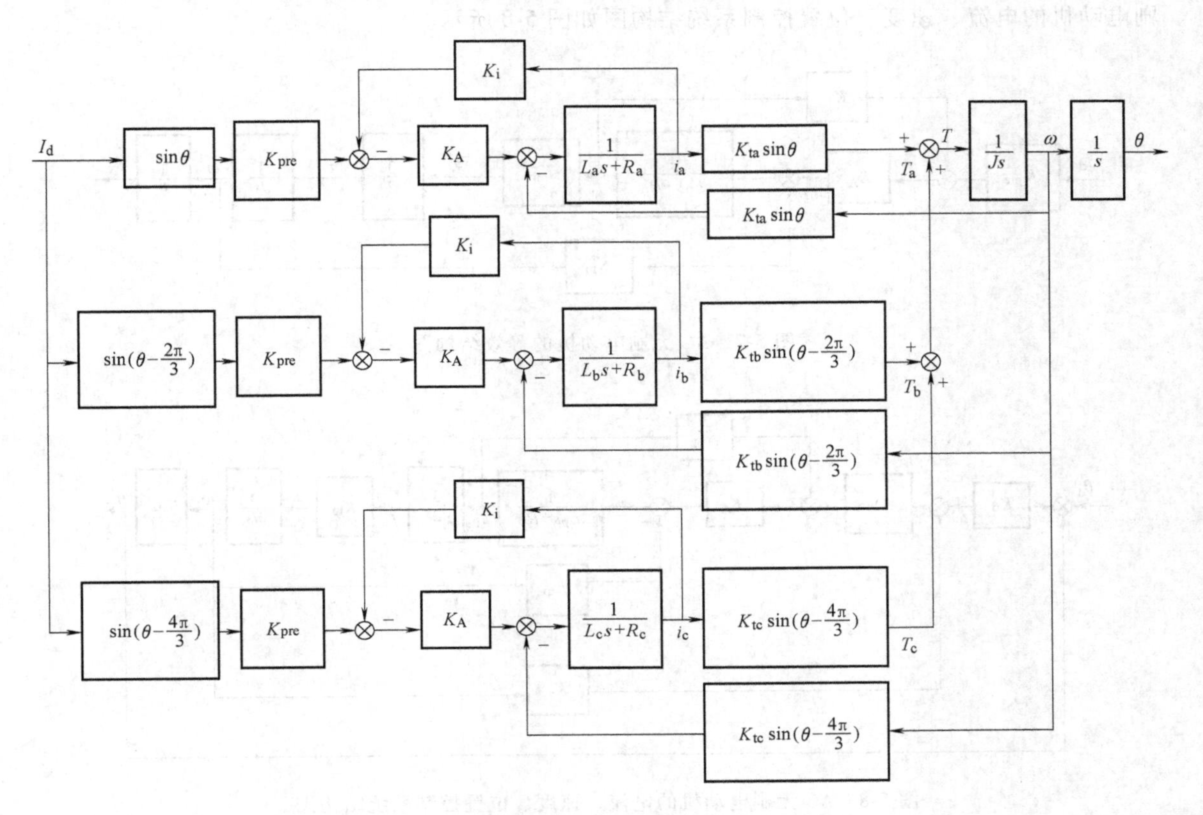

图 5-6 三相 Y 联结 AC 无刷电动机的电流控制

K_{pre}—电流信号前置放大系数 K_i—电流环反馈系数 K_A—电流调节器放大系数

I_d、L_a、L_b、L_c、R_a、R_b、R_c—三相绕组要求的电流、电感和电阻

T_a、T_b、T_c—三相绕组产生的转矩 $K_{ta}\sin\theta$、$K_{tb}\sin\left(\theta-\frac{2\pi}{3}\right)$、$K_{tc}\sin\left(\theta-\frac{4\pi}{3}\right)$—三相绕组的转矩常数

J—电动机轴上的总转动惯量 i_a、i_b、i_c—相绕组电流

每相电流均为正弦波，但根据转子位置彼此相差 120°，即 $I_d\sin\theta$、$I_d\sin\left(\theta-\frac{2\pi}{3}\right)$、$I_d\sin\left(\theta-\frac{4\pi}{3}\right)$。

同直流伺服电动机一样，交流伺服电动机的绕组由电感和电阻构成，加到绕组上的电压与电流关系仍为一阶惯性环节，即

$$U\rightarrow\left(\frac{1}{Ls+R}\right)\rightarrow I$$

每相电流乘以相应的转矩常数就是该相产生的转矩。同直流电动机一样，反电动势正比

于转速，即 $K_{ta}\sin\theta$、$K_{tb}\sin\left(\theta-\dfrac{2\pi}{3}\right)\omega$、$K_{tc}\sin\left(\theta-\dfrac{4\pi}{3}\right)\omega$ 分别为三相的反电动势。最后三相转矩之和为电动机总转矩 T。三相 Y 联结的 AC 无刷电动机的等效结构图如图 5-7 所示，AC 无刷电动机的电流、速度、位置控制系统结构图如图 5-8 所示。

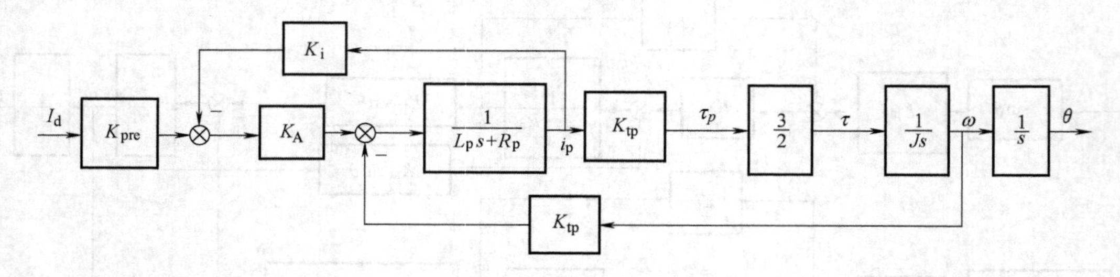

图 5-7　AC 无刷电动机的等效结构图

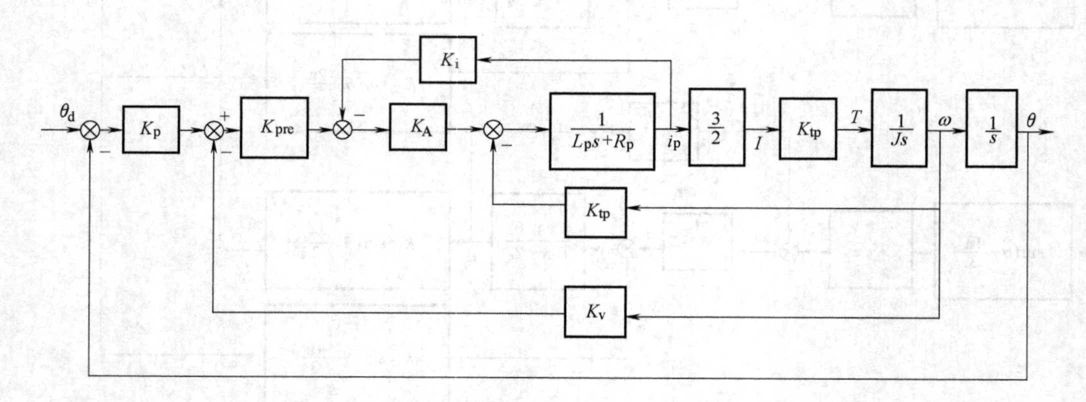

图 5-8　AC 无刷电动机的电流、速度、位置控制系统结构图

从图 5-6 所示的结构框图，可写出下面方程

$$
\begin{aligned}
T &= T_a+T_b+T_c \\
&= \{[I_d\sin\theta K_{pre}-K_i i_a]K_A-\omega K_{ta}\sin\theta\}\left[\frac{K_{ta}\sin\theta}{L_a s+R_a}\right]+ \\
&\quad \left\{\left[I_d\sin\left(\theta-\frac{2\pi}{3}\right)K_{pre}-K_i i_b\right]K_A-\omega K_{ib}\sin\left(\theta-\frac{2\pi}{3}\right)\right\}\left[\frac{K_{tb}\sin\left(\theta-\frac{2\pi}{3}\right)}{L_b s+R_b}\right]+ \\
&\quad \left\{\left[I_d\sin\left(\theta-\frac{4\pi}{3}\right)K_{pre}-K_i i_c\right]K_A-\omega K_{tc}\sin\left(\theta-\frac{4\pi}{3}\right)\right\}\left[\frac{K_{tc}\sin\left(\theta-\frac{4\pi}{3}\right)}{L_c s+R_c}\right]
\end{aligned}
\tag{5-19}
$$

在制造电动机时，总是保证各相参数相等，即

$$
\left.\begin{aligned}
K_{ta}&=K_{tb}=K_{tc}=K_{tp} \\
L_a&=L_b=L_c=L_p \\
R_a&=R_b=R_c=R_p
\end{aligned}\right\}
\tag{5-20}
$$

这样，可以把图 5-6 转换成等效的直流控制系统结构框图，如图 5-7 所示。可以根据图

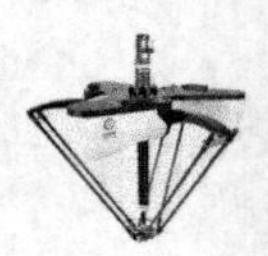

5-7 来分析无刷电动机的电流控制系统。关节角控制系统的位置系统在此基础上外加一个位置负反馈环或速度、位置负反馈环，如图 5-8 所示。

5.4　工业机器人的运动轨迹控制

由机器人的运动学和动力学可知，只要知道机器人的关节变量，就能根据其运动方程确定机器人的位置，或者已知机器人的期望位姿，就能确定相应的关节变量和速度。路径和轨迹规划与受到控制的机器人从一个位置移动到另一个位置的方法有关。本节将研究在运动段之间如何产生受控的运动序列，这里所述的运动段，可以是直线运动或者是依次的分段运动。路径和轨迹规划既要用到机器人运动学又要用到机器人动力学。

5.4.1　路径和轨迹

机器人的轨迹是指操作臂在运动过程中的位移、速度和加速度。路径是机器人位姿的一定序列，而不考虑机器人位姿参数随时间变化的因素。如图 5-9 所示，机器人进行插销作业，可以描述成工具坐标系 $\{\boldsymbol{T}\}$ 相对于工件坐标系 $\{\boldsymbol{S}\}$ 的一系列运动。例如，将销插入工件孔中的作业可以借助于工具坐标系的一系列位姿 P_i（$i=1, 2, 3, \cdots, n$）来描述。这种描述方法不仅符合机器人用户考虑问题的思路，而且有利于描述和生成机器人的运动轨迹。

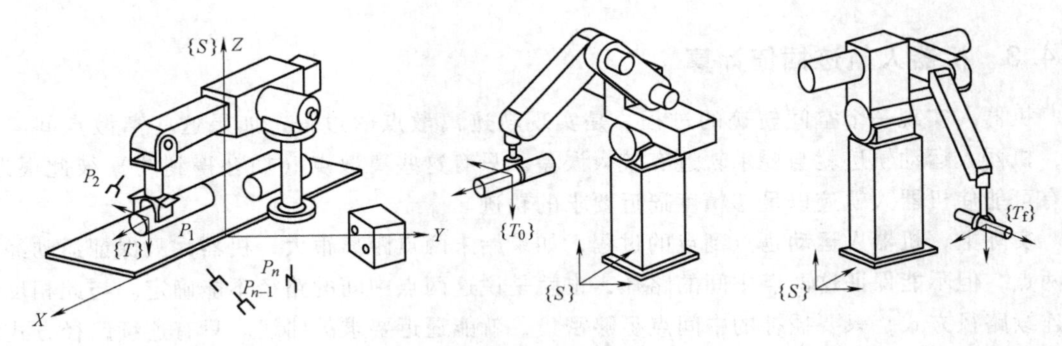

图 5-9　机器人进行插销作业

用工具坐标系相对于工件坐标系的运动来描述作业路径是一种通用的作业描述方法。它把作业路径描述与具体的机器人、手爪或工具分离开来，形成了模型化的作业描述方法，有了这种描述方法就可以把图 5-9 所示的机器人从初始状态运动到终止状态的作业看作是工具坐标系从初始位置 $\{\boldsymbol{T}_0\}$ 变化到终止位置 $\{\boldsymbol{T}_\mathrm{f}\}$ 的坐标变化。

5.4.2　轨迹规划及控制过程

轨迹规划是根据具体作业任务要求确定轨迹参数并实时计算和生成运动轨迹。轨迹规划的一般问题有以下三个：

1）对机器人的任务进行描述，即运动轨迹的描述。

2）根据已经确定的轨迹参数，在计算机上模拟所要求的轨迹。

3）对轨迹进行实际计算，即在运行时间内按一定的速率计算出位置速度和加速度，从而生成运动轨迹。

在规划中，不仅要规定机器人的起始点和终止点，而且要给出中间点（路径点）的位姿及路径点之间的时间分配，即给出两个路径点之间的运动时间。

轨迹规划既可以在关节空间中进行，即将所有的关键变量表示为时间的函数，用其一阶、二阶导数描述机器人的预期动作，也可以在直角坐标空间中进行，即将手部位姿表示参数表示为时间的函数，而相应的关节位置、速度和加速度由手部信息导出。

机器人的基本操作方式是示教—再现，即首先教机器人如何做，机器人记住了这个过程，于是它可以根据需要重复这个动作。操作过程中，不可能把空间位置所有的点都示教一遍使机器人记住，这样浪费内存；实际上，仅示教几个有特征的点，计算机就能利用插补算法获得中间点的坐标，如直线需要示教两个点，圆弧需要示教三个点，通过机器人逆向运动学算法，由这些点的坐标求出机器人各关节的位置和角度（θ_1，…，θ_n），然后由后面的角位置闭环控制系统实现要求的轨迹上的一点。继续插补并重复上述过程，从而实现要求的轨迹。机器人轨迹控制过程如图 5-10 所示。

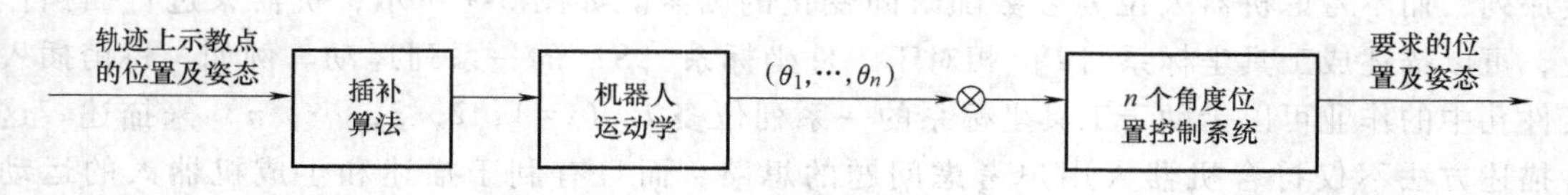

图 5-10　机器人轨迹控制过程

5.4.3　机器人轨迹插值计算

机器人实现一个空间轨迹的过程，是实现轨迹离散点的过程，如果这些离散点间隔很大，机器人运动轨迹就与要求轨迹有较大误差。只有这些离散点（插补得到的）彼此很近，才有可能使机器人轨迹以足够精度逼近要求的轨迹。

实际上，机器人运动是点到点的过程，如果始末两点距离很大，机器人只保证运动经过这两点，但不能保证这两点中间的路径，也就是说这两点中间的路径不能确定。与此相反的是连续路径方式，只要插补的中间点足够密集，就能逼近要求的曲线。只有连续路径方式时才需要插补。那么要多么密集的插补点才能保证轨迹不失真和运动轨迹连续平滑呢？对此有定时插补和定距插补两种方法。

（1）定时插补　从图 5-10 所示的轨迹控制过程可知，每插补出一轨迹点的坐标值，并作为给定值，加到位置伺服系统以实现这个位置。这个过程每隔一个时间间隔 T_s 完成一次，并保证运动的平稳（不抖动），显然 T_s 不能太长。由于机器人机械结构大多属于开链式，刚度不高，T_s 不能超过 25ms（40Hz），这样就产生了一个 T_s 的上限值。当然，应当选择 T_s 接近或等于它的下限值，这样有较高的轨迹精度和平滑的运动过程。

以一个 xy 平面里直线轨迹为例来说明定时插补，如图 5-11 所示。

设机器人需要运动的轨迹为直线 OE，运动速度为 v（mm/s），时间间隔为 T_s（ms）。显然，每个 T_s 间隔内机器人应该走过的距离为

$$P_iP_{i+1}=vT_s \tag{5-21}$$

可见，两个插补点之间的距离正比于要求的运动速度。两点之间的轨迹是不受控制的，

只有插补点之间的距离足够小，才能以可以接受的误差逼近要求的轨迹。定时插补易于被机器人控制系统实现，例如采用定时中断方式，每隔 T_s 中断一次进行插补一次，计算一次逆向动力学，输出一次给定值。由于 T_s 较小，机器人沿要求轨迹的运动速度一般不会很高，远不如数控机床、加工中心的速度，所以大多数工业机器人采用定时插补的方式。当要求以更高的速度实现运动轨迹时，可采用定距插补。

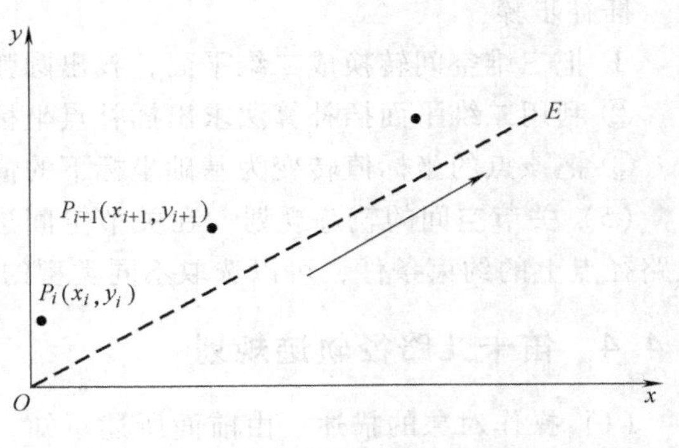

图 5-11　平面直线插补

（2）定距插补　从式（5-21）可知，如果要两个插补点距离恒为一个足够小的值，以保证轨迹精度，那么 T_s 就要变化，也就是在此方式下，插补点距离不变，但 T_s 要随着不同的工作速度 v 的变化而变化。这两种插补方法的基本算法是一样的，只是前者固定 T_s，易于实现，后者保证轨迹插补精度，但 T_s 要随 v 变化，实现起来较困难些。

（3）直线插补　直线插补和圆弧插补是机器人系统中的基本插补算法。对于非直线和圆弧轨迹可以采用直线或圆弧进行逼近，以实现这些轨迹。

空间直线插补是在已知该直线始末两点的位置和姿态的条件下，求各轨迹中间点的位置和姿态。由于在大多数情况下，机器人沿直线运动时姿态不变，所以无姿态插补，即保持第一个示教点时的姿态。当然在有些情况下要求变化姿态，这就需要姿态插补，可仿照下面介绍的位置插补来解决，如图 5-12 所示。已知直线始末两点的坐标值 P_0（X_0，Y_0，Z_0）、P_e（X_e，Y_e，Z_e）及姿态，其中 P_0、P_e 是相对于基坐标的位置。这些已知的位置和姿态通常是通过示教方式得到的。设 v 为沿直线运动的速度，t_s 为插补时间间隔。为减少计算量，示教完成后，可求出直线长度

$$L=\sqrt{(X_e-X_0)^2+(Y_e-Y_0)^2+(Z_e-Z_0)^2} \tag{5-22}$$

t_s 间隔内行程 $d=vt$；插补总步数 N 为 $L/d+1$ 的整数部分。

两插补点间各轴增量为

$$\left.\begin{aligned}\Delta X&=(X_e-X_0)/N\\ \Delta Y&=(Y_e-Y_0)/N\\ \Delta Z&=(Z_e-Z_0)/N\end{aligned}\right\} \tag{5-23}$$

各插补点坐标值为

$$\left.\begin{aligned}X_{i+1}&=X_1+i\Delta X\\ Y_{i+1}&=Y_1+i\Delta Y\\ Z_{i+1}&=Z_1+i\Delta Z\end{aligned}\right\} \tag{5-24}$$

式中，$i=0$，1，2，…，n。

（4）圆弧插补

1）平面圆弧插补。平面圆弧指圆弧平面与基坐标系的三大平面之一重合的圆弧。

2）空间圆弧插补。空间圆弧指三维空间任一平面内的圆弧。

插补步骤：

① 把三维空间转换成二维平面，找出圆弧所在平面。

② 利用二维平面插补算法求出插补点坐标。

③ 把该点的坐标值转变为基础坐标下的值。

（5）关节空间的轨迹规划　在关节空间进行轨迹规划，规划路径不是唯一的，只要满足路径点上的约束条件，可以选取不同类型的关节角度函数，生成不同的轨迹。

5.4.4 笛卡儿路径轨迹规划

（1）操作对象的描述　由前面所述可知，任一刚体相对参考和的位姿是用与它固接的坐标系描述的。刚体上相对于固接坐标系的任一点用相应的位置矢量 $\boldsymbol{P}$ 表示；任一方向用方向余弦表示。给出刚体的几何图形及固接坐标系后，只要规定固接坐标系的位姿，便可重构该刚体在空间的位姿。这种轨迹规划称作笛卡儿坐标法。

例如，图 5-12a 所示的螺栓，其轴线与固接坐标系的 z 轴重合。螺栓头部直径为 32mm，中心取为坐标原点，螺栓长为 80mm，直径为 20mm，则可根据固接坐标系的位姿重构螺栓在空间（相对参考系）的位姿和几何形状。

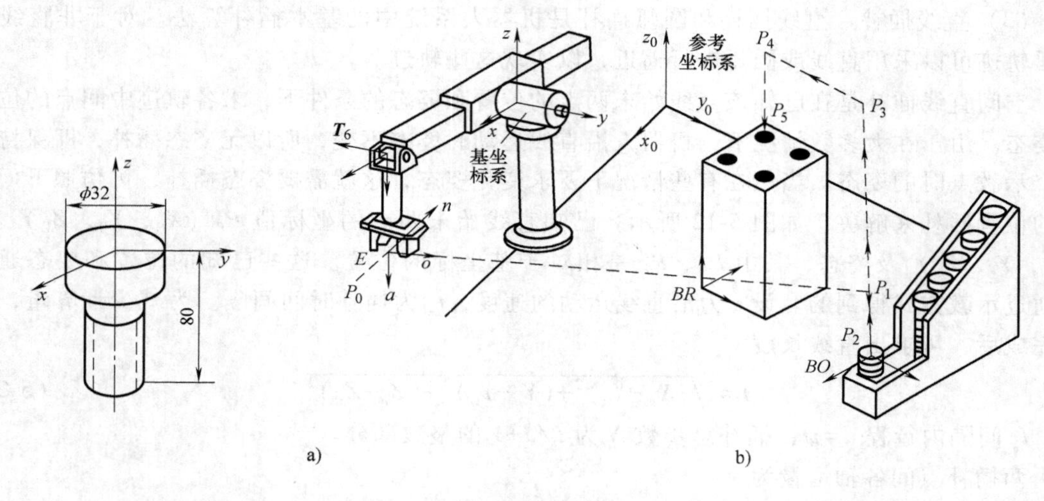

图 5-12　螺栓抓取过程的路径轨迹规划

a）螺栓坐标系　b）螺栓在空间中的位姿

（2）作业的描述　机器人作业和手臂的运动可用手部位姿节点序列来规定，每个节点可以由工具坐标系相对于作业坐标系的齐次变换来描述。相应的关节变量可用运动学反解程序计算。

如图 5-12b 所示，要求机器人按直线运动，把螺栓从槽中取出并放入托架的一个孔中，用符号表示沿直线运动的各节点的位姿，使机器人能沿虚线运动并完成作业。

令 P_i（$i=0$，1，2，3，4，5）为机器人手爪必须经过的直角坐标结点。参照这些节点的位姿，将作业描述为表 5-1 所列的手部的一连串运动和动作。

每个节点 P_i 对应一个变换方程，从而解出相应机械手变换 ${}^0\boldsymbol{T}_6$，由此得到作业描述的基本结构；作业节点 P_i 对应机械手变换 ${}^0\boldsymbol{T}_6$，从一个变换到另一个变换通过机械手运动实现。

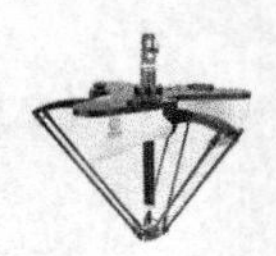

螺栓抓取过程见表 5-1。

表 5-1 螺栓抓取过程

节点	P_0	P_1	P_2	P_2	P_3	P_4	P_5	P_5	P_6
运动	INIT	MOVE	MOVE	GRASP	MOVE	MOVE	MOVE	RELEASE	MOVE
目标	初始位置	接近螺栓	到达	抓住	提升	接近托架	放入孔中	松开	移开

(3) 两个节点间的“直线”运动 机械手在完成作业时，手爪的位姿可用一系列节点 P_i 表示。因此，在直角坐标空间中进行轨迹规划的重要问题由两点 P_i 和 P_{i+1} 所定义的路径起点和终点之间，如何生成一系列中间点。两节点之间最简单的路径是在空间的直线移动和绕某定轴的转动。

运动时间给定之后，则可以产生一个使线速度和角速度受控的运动。如图 5-12b 所示，要生成从节点 P_0（初始位置）运动到 P_1（接近螺栓）的轨迹，推而广之，从一节点 P_i 到下一节点 P_{i+1} 的运动可表示为从

$$^0\boldsymbol{T}_6 = {}^0\boldsymbol{T}_B \quad {}^BP_i \, {}^6\boldsymbol{T}_E^{-1} \tag{5-25}$$

到

$$^0\boldsymbol{T}_6 = {}^0\boldsymbol{T}_B \quad {}^BP_{i+1} \, {}^6\boldsymbol{T}_E^{-1} \tag{5-26}$$

式中，${}^6T_E$ 是工具坐标系 $\{\boldsymbol{T}\}$ 相对末端连杆系 $\{\boldsymbol{6}\}$ 的变换矩阵；${}^BP_i$ 和 ${}^BP_{i+1}$ 分别为两节点 P_i 和 P_{i+1} 相对坐标系 $\{\boldsymbol{B}\}$ 的齐次变换矩阵。

如果起始点 P_i 是相对另一个坐标系 $\{\boldsymbol{A}\}$ 描述的，那么可通过变换过程得到

$$^0P_{\mathrm{i}} = {}^0\boldsymbol{T}_B{}^{-1} \quad {}^0\boldsymbol{T}_A \quad {}^AP_i \tag{5-27}$$

从上述可看出，可以将气动手爪从节点 P_i 到节点 P_{i+1} 的运动看成是与气动手爪固接的坐标系的运动，按前述运动学知识可求其解。

5.5 智能控制技术

5.5.1 智能控制的发展过程

(1) 智能控制的提出 传统控制方法包括经典控制和现代控制，是基于被控对象精确模型的控制方式，缺乏灵活性和应变能力，适用于解决线性、时不变性等相对简单的控制问题，难于解决对复杂系统的控制。在传统控制的实际应用中有很多难解决的问题，主要表现以下几点：

1）实际系统由于存在复杂性、非线性、时变性、不确定性和不完全性等，无法获得精确的数学模型。

2）某些复杂的包含不确定性的控制过程无法用传统的数学模型来描述，即无法解决建模问题。

3）针对实际系统往往需要进行一些比较苛刻的线性化假设，而这些假设往往与实际系统不符合。

4）实际控制任务复杂，而传统控制任务要求低，对复杂的控制任务，如机器人控制、CIMS、社会经济管理系统等无能为力。

在生产实践中，复杂控制问题可通过熟练操作人员的经验和控制理论相结合去解决，由此，产生了智能控制。智能控制将控制理论的方法和人工智能技术灵活地结合起来，其控制方法能够适应对象的复杂性和不确定性。

（2）智能控制的概念　智能控制是一门交叉学科，著名美籍华人傅京逊教授 1971 年首先提出智能控制是人工智能和自动控制的交叉，即二元论。美国学者 G. N. Saridis 于 1977 年在此基础上引入运筹学，提出了三元论的智能控制概念（图 5-13），即

$$IC = AC \cap AI \cap OR \tag{5-28}$$

式中　IC——智能控制（Intelligent Control）；

AC——自动控制（Automatic Control）；

AI——人工智能（Artificial Intelligent）；

OR——运筹学（Operational Research）。

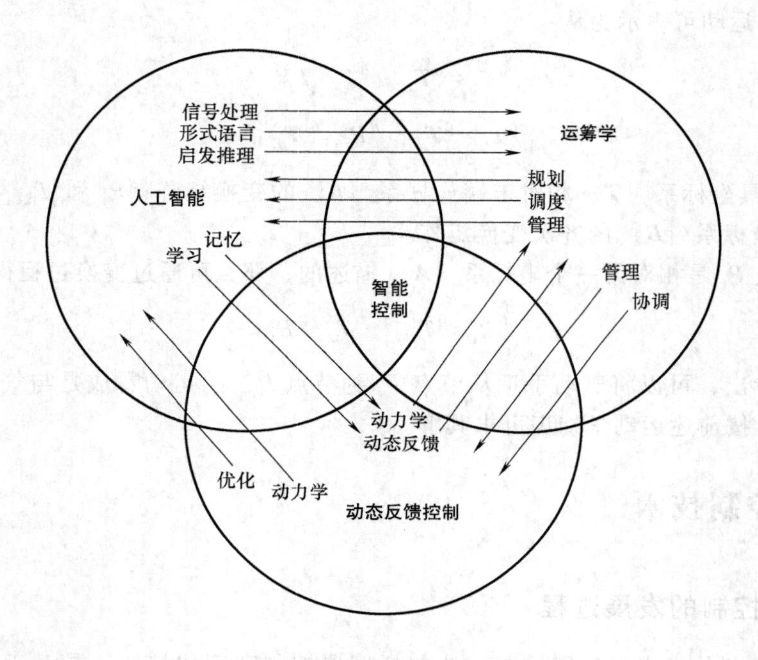

图 5-13　基于三元论的智能控制

自动控制描述系统的动力学特性，是一种动态反馈。

人工智能是一个用来模拟人思维的知识处理系统，具有记忆、学习、信息处理、形式语言、启发推理等功能。

运筹学是一种定量优化方法，如线性规划、网络规划、调度、管理、优化决策和多目标优化方法等。

三元论除了“智能”与“控制”外还强调了更高层次控制中调度、规划和管理的作用，为递阶智能控制提供了理论依据。

所谓智能控制，即设计一个控制器（或系统），使之具有学习、抽象、推理、决策等功能，并能根据环境（包括被控对象或被控过程）信息的变化做出适应性反应，从而实现由人来完成的任务。

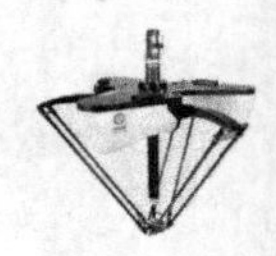

（3）智能控制的发展　智能控制是自动控制发展的最新阶段，主要用于解决传统控制难以解决的复杂系统的控制问题。控制科学的发展过程如图 5-14 所示。

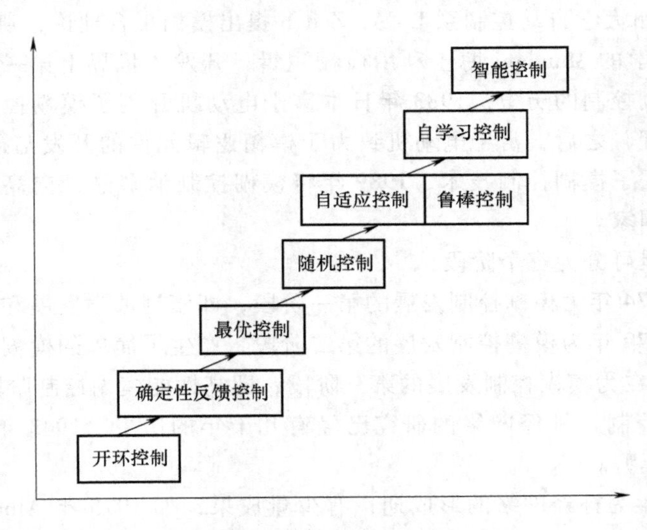

图 5-14　控制科学的发展过程

从 20 世纪 60 年代起，由于空间技术、计算机技术及人工智能技术的发展，控制界学者在研究自组织、自学习控制的基础上，为了提高控制系统的自学习能力，开始注意将人工智能技术与方法应用于控制中。1966 年，J. M. Mendal 首先提出将人工智能技术应用于飞船控制系统的设计；1971 年，傅京逊首次提出智能控制这个概念，并归纳了三种类型的智能控制系统。

1）人作为控制器的控制系统。人作为控制器的控制系统具有自学习、自适应和自组织的功能。

2）人—机结合作为控制器的控制系统。机器完成需要连续进行的并需快速计算的常规控制任务，人则完成任务分配、决策、监控等任务。

3）无人参与的自主控制系统为多层的智能控制系统，需要完成问题求解和规划、环境建模、传感器信息分析和低层的反馈控制任务，如自主机器人。

1985 年 8 月，IEEE 在美国纽约召开了第一届智能控制学术讨论会，随后成立了 IEEE 智能控制专业委员会；1987 年 1 月，在美国举行的第一次国际智能控制大会，标志着智能控制领域的形成。

近年来，神经网络、模糊数学、专家系统、进化论等各门学科的发展给智能控制注入了巨大的活力，由此产生了各种智能控制方法。

5.5.2　智能控制的几个重要分支

智能控制的几个重要分支为专家控制、模糊控制、神经网络控制和遗传算法。

（1）模糊控制　传统控制方法是建立在被控对象精确数学模型基础上的，然而，随着系统复杂程度的提高，将难以建立系统的精确数学模型。

在工程实践中，人们发现，一个复杂的控制系统可由一个操作人员凭着丰富的实践经验得到满意的控制效果。这说明，如果通过模拟人脑的思维方法设计控制器，可实现复杂系统的控制，由此产生了模糊控制。

1965 年美国加州大学自动控制系 L. A. Zedeh 提出模糊集合理论，奠定了模糊控制的基础；1975 年伦敦大学的 Mandani 博士利用模糊逻辑，开发了世界上第一台模糊控制的蒸汽机，从而开创了模糊控制的历史；1983 年日本富士电动机开创了模糊控制在日本的第一项应用——水净化处理，之后，富士电动机致力于模糊逻辑元件的开发与研究，并于 1987 年在仙台地铁线上采用了模糊控制技术，1989 年将模糊控制消费品推向高潮，使日本成为模糊控制技术的主导国家。

模糊控制的发展可分为三个阶段：

1）1965 年~1974 年为模糊控制发展的第一阶段，即模糊数学发展和形成阶段。

2）1974 年~1979 年为模糊控制发展的第二阶段，产生了简单的模糊控制器。

3）1979 年~现在为模糊控制发展的第三阶段，即高性能模糊控制阶段。

（2）神经网络控制　神经网络的研究已经有几十年的历史。1943 年 McCulloch 和 Pitts 提出了神经元数学模型。

1950 年~1980 年为神经网络的形成期，有少量成果，如 1975 年 Albus 提出了人脑记忆模型 CMAC 网络，1976 年 Grossberg 提出了用于无导师指导下模式分类的自组织网络。

1980 年以后为神经网络的发展期，1982 年 Hopfield 提出了 Hopfield 网络，解决了回归网络的学习问题；1986 年美国的 PDP 研究小组提出了 BP 网络，实现了有导师指导下的网络学习，为神经网络的应用开辟了广阔的发展前景。

将神经网络引入控制领域就形成了神经网络控制。神经网络控制是从机理上对人脑生理系统进行简单结构模拟的一种新兴智能控制方法。神经网络具有并行机制、模式识别、记忆和自学习能力的特点，它能充分逼近任意复杂的非线性系统，能够学习与适应不确定系统的动态特性，有很强的鲁棒性和容错性等，因此，神经网络控制在控制领域有广泛的应用。

（3）遗传算法　遗传算法（Genetic Algorithm，GA）是人工智能的一个重要分支，是基于自然选择和基因遗传学原理的搜索算法，是基于达尔文进化论，在计算机上模拟生命进化论机制而发展起来的一门学科。

遗传算法由美国的 J. H. Holland 教授在 1975 年提出，20 世纪 80 年代中期开始逐步成熟。从 1985 年起，国际上开始举行遗传算法国际会议。目前遗传算法已经被广泛应用于许多实际问题，成为用来解决高度复杂问题的新思路和新方法。

遗传算法可用于模糊控制规则的优化及神经网络参数及权值的学习，在智能控制领域有广泛的应用。

5.5.3　智能控制的特点、工具及应用

（1）智能控制的特点

1）学习功能。智能控制器能通过从外界环境所获得的信息进行学习，不断积累知识，使系统的控制性能得到改善。

2）适应功能。智能控制器具有从输入到输出的映射关系，可实现不依赖于模型的自适应控制，当系统某一部分出现故障时，也能进行控制。

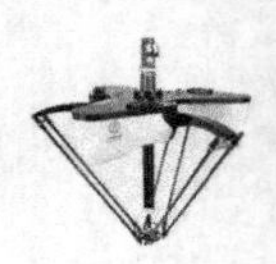

3）自组织能力。智能控制器对复杂的分布式信息具有自组织和协调的功能，当出现多目标冲突时，它可以在任务要求的范围内自行决策，主动采取行动。

4）优化能力。智能控制能够通过不断优化控制参数和寻找控制器的最佳结构形式，获得整体最优的控制性能。

（2）智能控制的研究工具

1）符号推理与数值计算的结合。例如专家控制，它的上层是专家系统，采用人工智能中的符号推理方法；下层是传统意义下的控制系统，采用数值计算方法。

2）模糊集理论。模糊集理论是模糊控制的基础，其核心是采用模糊规则进行逻辑推理，其逻辑取值可在0与1之间连续变化，其处理的方法是基于数值的而不是基于符号的。

3）神经网络理论。神经网络通过许多简单的关系来实现复杂的函数，其本质是一个非线性动力学系统，但它不依赖数学模型，是一个介于逻辑推理和数值计算之间的工具和方法。

4）遗传算法。遗传算法根据适者生存、优胜劣汰等自然进化规则来进行搜索计算和问题求解。对许多传统数学难以解决或明显失效的复杂问题，特别是优化问题，遗传算法提供了一个行之有效的途径。

5）离散时间与连续时间系统的结合。主要用于计算机集成制造系统（CIMS）和智能机器人的智能控制。以CIMS为例，上层任务的分配和调度、零件的加工和传输等可用离散时间系统理论进行分析和设计；下层的控制，如机床及机器人的控制，则采用常规的连续时间系统方法。

（3）智能控制的应用　作为智能控制发展的高级阶段，智能控制主要解决那些用传统控制方法难以解决的复杂系统的控制问题，其中包括智能机器人控制、计算机集成制造系统、工业过程控制、航空航天控制、社会经济管理系统、交通运输系统、环保及能源系统等。下面以智能控制在运动控制和过程控制中的应用为例进行说明。

1）在机器人控制中的应用。智能机器人是目前机器人研究中的热门课题。J. S. Albus于1975年提出小脑模型关节控制器（Cerebellar Model Arculation Controller，CMAC），它是模仿小脑控制肢体运动的原理而建立的神经网络模型，采用CMAC可实现机器人的关节控制，这是神经网络在机器人控制的一个典型应用。

E. H. Mamdan于20世纪80年代初首次将模糊控制应用于一台实际机器人的操作臂控制。

目前工业上用的90%以上的机器人都不具有智能。随着机器人技术的迅速发展，需要各种具有不同程度智能的机器人。

2）在过程控制中的应用。过程控制是指石油、化工、冶金、轻工、纺织、制药、建材等工业生产过程的自动控制，它是自动化技术的一个极其重要的方面。智能控制在过程控制中有着广泛的应用。

在石油化工方面，1994年美国的Gensym公司和Neuralware公司联合将神经网络用于炼油厂的非线性工艺过程。

在冶金方面，日本的新日铁公司于1990年将专家控制系统应用于轧钢生产过程。在化工方面，日本的三菱化学合成公司研制出用于乙烯工程模糊控制系统。

将智能控制应用于过程控制领域，是过程控制发展的方向。

习 题

1. 机器人通常有哪些控制方式？
2. 何谓轨迹规划？简述轨迹规划的基本方法并说明其特点。
3. 机器人控制有什么特点？

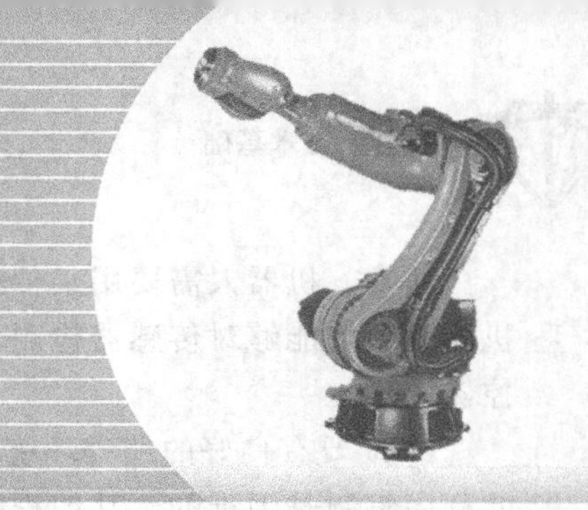

第6章 机器人编程语言

伴随着机器人的发展，机器人语言也得到发展和完善。机器人语言已成为机器人技术的一个重要部分。机器人的功能除了依靠机器人硬件的支持外，相当一部分依赖机器人语言来完成。早期的机器人由于功能单一、动作简单，可采用固定程序或示教方式来控制机器人的运动。随着机器人作业动作的多样化和作业环境的复杂化，依靠固定的程序或示教方式已满足不了要求，必须依靠能适应作业和环境随时变化的机器人语言编程来完成机器人的工作。

6.1 机器人编程要求与语言类型

6.1.1 机器人语言的编程要求

(1) 能够建立世界模型　在进行机器人编程时，需要一种描述物体在三维空间内运动的方式。所以需要给机器人及其相关物体建立一个基础坐标系。这个坐标系与大地相连，也称“世界坐标系”。

机器人工作时，为了方便起见，也建立其他坐标系，同时建立这些坐标系与基础坐标系的变换关系。机器人编程系统应具有在各种坐标系下描述物体位姿的能力和建模能力。

(2) 能够描述机器人的作业　机器人作业的描述与其环境模型密切相关，编程语言水平决定了描述水平。其中以自然语言输入为最高水平。现有的机器人语言需要给出作业顺序，由语法和词法定义输入语言，并由它描述整个作业。

(3) 能够描述机器人的运动　描述机器人需要进行的运动是机器人编程语言的基本功能之一。用户能够运用语言中的运动语句，与路径规划器和发生器连接，允许用户规定路径上的点及目标点，决定是否采用点插补运动或笛卡儿直线运动。用户还可以控制运动速度或运动持续时间。

对于简单的运动语句，大多数编程语言具有相似的语法。不同语言间在主要运动基元上的差别不大。

(4) 允许用户规定执行流程　同一般的计算机编程语言一样，机器人编程系统允许用户规定执行流程，包括试验和转移、循环、调用子程序以及中断等。

并行处理对于自动工作站是十分重要的。首先，一个工作站常常运用两台或多台机器人同时工作以减少过程周期。在单台机器人的情况下，工作站的其他设备也需要机器人控制器以并行方式控制。因此，在机器人编程语言中常常含有信号和等待等基本语句或指令，而且往往提供比较复杂的并行执行结构。

通常，机器人需要用某种传感器来监控不同的工作过程。然后，通过中断或登记通信，机器人系统能够对传感器检测到的一些事件做出反应。很多机器人语言都提供了这种事件监控器。

（5）要有良好的编程环境　一个好的编程环境有助于提高程序员的工作效率。机械手的程序编制是困难的，其编程趋向于试探对话式。如果用户忙于应付连续重复的编译语言的编辑-编译-执行循环，那么其工作效率必然是低的。因此，大多数机器人编程语言都含有中断功能，以便能够在程序开发和调试过程中每次只执行一条单独语句。此外，典型的编程支撑软体和文件系统也是需要的。

根据机器人编程特点，其支撑软件应具有的功能为：在线修改和立即重新启动；传感器的输出和程序追踪；仿真。

（6）需要人机接口和综合传感信号　在编程和作业过程中，应便于人与机器人之间进行信息交换，以便在运动出现故障时能及时处理，确保安全。而且，随着作业环境和作业内容复杂程度的增加，需要有功能强大的人机接口。

机器人语言的一个极其重要的部分是与传感器的相互作用。语言系统应能提供一般的决策结构。以便根据传感器的信息来控制程序的流程。

在机器人编程中，传感器的类型一般分为三类：位置检测、压力检测、视觉检测。各种机器人语言都有对传感器的信息进行综合的句法。

6.1.2　机器人语言类型

自从第一台机器人问世以来，人们就开始了对机器人语言的研究。

1973年，美国斯坦福（Stanford）人工智能实验室研究和开发了第一种机器人语言：WAVE语言，它具有动作描述，能配合用于实现视觉的传感器进行手眼协调控制等功能。1974年，该实验室在WAVE语言的基础上开发了AL语言，它是一种编译形式的语言，可以控制多台机器人协调动作。

1979年，美国Unimation公司开发了VAL语言，并配置在PUMA机器人上，它是一种类BASIC语言，语句结构比较简单，易于编程。

美国IBM公司开发了ML语言，用于机器人装配作业。AML语言用于IBM机器人控制。

其他的机器人语言还有MIT的LAMA语言，这是一种用于自动装配的机器人语言。美国Automatix公司的RAIL语言，它具有与PASCAL语言相似的形式。机器人编程语言的发展历程如图6-1所示。

机器人语言尽管有很多分类方法，但根据作业描述水平的高低，通常可分为三级：动作级、对象级、任务级。

（1）动作级编程语言　动作级语言是以机器人的运动作为描述中心，通常由使手爪从一个位置到另一个位置的一系列命令组成。动作级语言的每一个命令（指令）对应于一个动作。如可以定义机器人的运动序列（MOVE），基本语句形式为：MOVE TO<destination>。

动作级语言的语句比较简单，易于编程。其缺点是不能进行复杂的数学运算，不能接受复杂的传感器信息，仅能接受传感器的开关信号，并且和其他计算机的通信能力很差。动作级编程又可分为关节级编程和终端执行器级编程两种。

1）关节级编程。关节级编程程序给出机器人各关节位移的时间序列。这种程序可

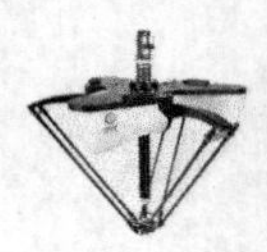

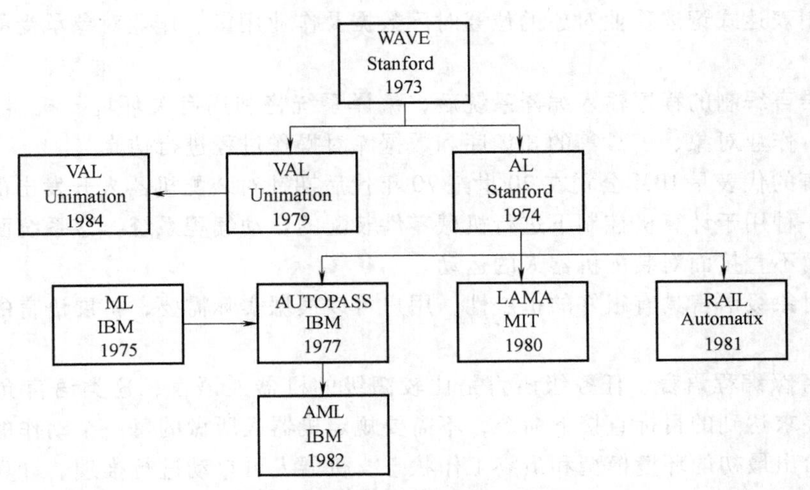

图 6-1 机器人编程语言的发展历程

以用汇编语言、简单的编程指令实现，也可通过示教盒示教或键入示教实现。关节级编程是一种在关节坐标系中工作的初级编程方法。用于直角坐标型机器人和圆柱坐标型机器人编程还较为简便，但用于关节型机器人，即使完成简单的作业，也首先要进行运动综合才能编程，整个编程过程很不方便。关节级编程得到的程序没有通用性，因为一台机器人编制的程序一般难以用到另一台机器人上。这样得到的程序也不能模块化，它的扩展也十分困难。

2）终端执行器级编程。终端执行器级编程是一种在作业空间内各种设定好的坐标系里编程的编程方法。终端执行器级编程程序给出机器人终端执行器的位姿和辅助机能的时间序列，包括力觉、触觉、视觉等机能以及作业用量、作业工具的选定等。这种语言的指令由系统软件解释执行。可提供简单的条件分支，可应用于程序，并提供较强的感受处理功能和工具使用功能，这类语言有的还具有并行功能。

这种语言的基本特点是：

① 各关节的求逆变换由系统软件支持进行。

② 数据实时处理且导前于执行阶段。

③ 使用方便，占内存较少。

④ 指令语句有运动指令语言、运算指令语句、输入输出和管理语句等。

（2）对象级编程语言　对象级语言解决了动作级语言的不足，它是描述操作物体间关系使机器人动作的语言，即是以描述操作物体之间的关系为中心的语言，它具有以下特点：

1）运动控制。具有与动作级语言类似的功能。

2）处理传感器信息。可以接受比开关信号复杂的传感器信号，并可利用传感器信号进行控制、监督以及修改和更新环境模型。

3）通信和数字运算。能方便地和计算机的数据文件进行通信，数字计算功能强，可以进行浮点计算。

4）具有很好的扩展性。用户可以根据实际需要，扩展语言的功能，如增加指令等。

作业对象级编程语言以近似自然语言的方式描述作业对象的状态变化、指令语句是复合语句结构，用表达式记述作业对象的位姿时序数据及作业用量、作业对象承受的力、力矩等时序数据。

将这种语言编制的程序输入编译系统后，编译系统将利用有关环境、机器人几何尺寸、中断执行器、作业对象、工具等的知识库和数据库对操作过程进行仿真。

这种语言的代表是IBM公司在20世纪70年代后期针对装配机器人开发出的AUTOPASS语言。它是一种用于计算机控制下进行机械零件装配的自动编程系统，该系统面对作业对象及装配操作而不直接面对装配机器人的运动。

另外，对象级语言具有很好的扩展性，用户可以根据实际需要，扩展语言的功能，如增加指令等。

（3）任务级编程语言　任务级语言是比较高级的机器人语言，这类语言允许使用者对工作任务所要求达到的目标直接下命令，不需要规定机器人所做的每一个动作的细节。只要按某种原则给出最初的环境模型和最终工作状态，机器人可自动进行推理、计算，最后自动生成机器人的动作。

任务级语言的概念类似于人工智能中程序自动生成的概念。任务级机器人编程系统能够自动执行许多规划任务。

任务级机器人编程系统必须能把指定的工作任务翻译为执行该任务的程序。

6.2　机器人语言系统组成和基本功能

机器人编程语言实际上是一个语言系统，它既包含语言本身——给出作业指示和动作指示，同时又包含处理系统——根据上述指示来控制机器人系统。机器人编程语言系统如图6-2所示，它能够支持机器人编程、控制，支持与外围设备、传感器和机器人的接口，同时还能支持与计算机系统的通信。

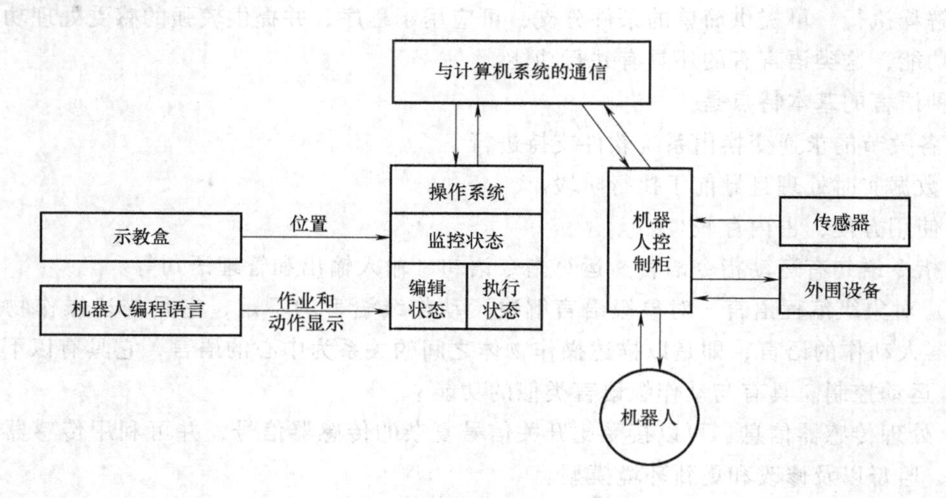

图6-2　机器人编程语言系统

机器人语言具有4方面的特征：实时系统、三维空间的运动系统、良好的人机接口和实际的运动系统。

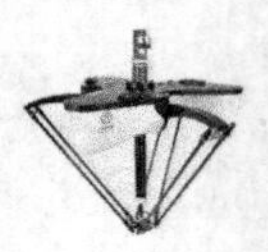

6.2.1 机器人编程操作系统组成

机器人编程语言操作系统包括三个基本的操作状态监控状态、编辑状态和执行状态。

监控状态是用来进行整个系统的监督控制的。在监控状态，操作者可以用示教盒定义机器人的空间的位置，设置机器人的运动速度、存储和调出程序等。

编辑状态是提供操作者编制程序或编辑程序的。尽管不同语言的编辑操作不同，但一般均包括写入指令、修改或删去指令以及插入指令等。

执行状态是用来执行机器人程序的。在执行状态中，机器人执行程序的每一条指令，操作者可通过调试程序修改错误。例如，在程序执行过程中，某一位置关节角超过限制，因此机器人不能执行，在 CRT 上显示错误信息，并停止运行。操作者可返回到编辑状态修改程序。目前大多数语言允许程序在执行过程中，直接返回到监控或编辑状态。

和计算机编程语言类似，机器人语言程序可以编译，即把机器人源程序转换成机器码，以便机器人控制柜能直接读取和执行，编译后的程序的运行速度将大大提高。

6.2.2 机器人编程语言的基本功能

机器人语言体现出来的基本功能都是机器人系统软件支持形成的。这些基本功能包括运算、决策、通信、机械手运动、工具指令以及传感器数据处理等。

（1）运算　对于装有传感器的机器人所进行的最重要的运算是解析几何计算。这些运算结果能使机器人自行做出决定，在下一步把工具或手爪置于何处。用于解析几何运算的计算工具包括下列内容：

1）机械手解答及逆解答。

2）坐标运算和位置表示，如相对位置的构成和坐标的变化等。

3）矢量运算，如点积、交积、长度、单位矢量、比例尺以及矢量的线性组合等。

（2）决策　机器人系统能够根据传感器输入信息做出决策，而不必执行任何运算。按照传感器数据计算得到的结果，是做出下一步该干什么这类决策的基础。这种决策能力使机器人控制系统的功能更强有力。一条简单的条件转移指令（例如检验零值）就足以执行任何决策算法。

供采用的形式包括符号检验（正、负或零）、关系检验（大于、不等于等）、布尔检验（开或关、真或假）、逻辑检验（对一个计算字进行位组检验）以及集合检验（一个集合的数、空集等）。

（3）通信　机器人系统与操作人员之间的通信能力，允许机器人要求操作人员提供信息、告诉操作者下一步该干什么，以及让操作者知道机器人打算干什么。人和机器能够通过许多不同方式进行通信。

输出设备主要有信号灯、打印机、显示器、绘图仪、语言合成器或其他音响设备（铃、扬声器等）。

输入设备主要有鼠标、开关、旋钮、键盘、光笔、光标指示器、数字变换板、远距离操纵主控装置、光学字符阅读机等。

（4）机械手运动　采用计算机之后，机械手的工作能力得到极大提升，包括：

1）使复杂的运动顺序成为可能。

2）使运用传感器控制机械手运动成为可能。

3）能够独立存储工具位置，而与机械手的设计以及刻度系数无关。

用与机械手形状无关的坐标来表示工具位置是更先进的方法，而且（除 *X-Y-Z* 机械手外）需要用一台计算机对位置节点进行计算。在笛卡儿空间内插入工具位置能使工具端点沿着路径跟随轨迹平滑运动。引入一个参考坐标系，用以描述工具位置，然后让该坐标系运动。这对许多情况是很方便的。

（5）工具指令　一个工具控制指令通常是由闭合某个开关或继电器而开始触发的，而继电器又可能把电源接通或断开，以直接控制工具运动，或者送出一个小功率信号给电子控制器，让后者去控制工具。直接控制是最简单的方法，而且对控制系统的要求也较少。可以用传感器来监控工具运动及其功能的执行情况。

当采用工具功能控制器时，对机器人主控制器来说就可能对机器人进行比较复杂的控制。采用单独控制系统能够使工具功能控制与机器人控制协调一致地工作。这种控制方法已被成功地用于飞机机架的钻孔和铣削加工。

（6）传感数据处理　用于机械手控制的通用计算机只有与传感器连接起来，才能发挥其全部效用。传感数据处理是许多机器人程序编制的十分重要而又复杂的组成部分。当采用实现触觉、听觉或视觉的传感器时，更是如此。例如，当应用电视摄像机获取视觉特征数据、辨识物体和进行机器人定位时，对视觉数据的处理往往是极其大量的和费时的。

6.3 常用机器人编程语言

6.3.1 VAL 语言

6.3.1.1 VAL 语言概述及特点

（1）VAL 语言概述　VAL 语言是美国 Unimation 公司于 1979 年推出的一种机器人编程语言，主要配置在 PUMA 和 UNIMATION 等型机器人上，是一种专用的动作类描述语言。VAL 语言是在 BASIC 语言的基础上发展起来的，所以与 BASIC 语言的结构很相似。在 VAL 的基础上 Unimation 公司推出了 VAL Ⅱ 语言。

VAL 语言可应用于上下两级计算机控制的机器人系统。上位机为 LSI-11/23，编程在上位机中进行，上位机进行系统的管理；下位机为 6503 微处理器，主要控制各关节的实时运动。编程时可以 VAL 语言和 6503 汇编语言混合编程。

（2）VAL 语言特点

1）VAL 语言命令简单、清晰易懂，描述机器人作业动作及与上位机的通信均较方便，实时功能强。

2）可以在在线和离线两种状态下编程，适用于多种计算机控制的机器人。

3）能够迅速地计算出不同坐标系下复杂运动的连续轨迹，能连续生成机器人的控制信号，可以与操作者交互地在线修改程序和生成程序。

4）VAL 语言包含有一些子程序库，通过调用各种不同的子程序可很快组合成复杂操作控制；能与外部存储器进行快速数据传输以保存程序和数据。

（3）VAL 语言系统　VAL 语言系统包括文本编辑、系统命令和编程语言三个部分。

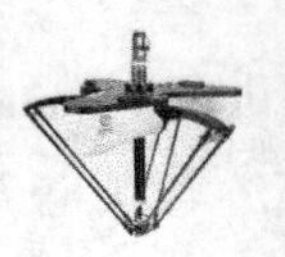

在文本编辑状态下可以通过键盘输入文本程序，也可通过示教盒在示教方式下输入程序。在输入过程中可修改、编辑、生成程序，最后保存到存储器中。在此状态下也可以调用已存在的程序。

系统命令包括位置定义、程序和数据列表、程序和数据存储、系统状态设置和控制、系统开关控制、系统诊断和修改。

编程语言把一条条程序语句转换执行。

6.3.1.2 VAL 语言的指令

VAL 语言包括监控指令和程序指令两种。其中监控指令有 6 类，分别为位置及姿态定义指令、程序编辑指令、列表指令、存储指令、控制程序执行指令和系统状态控制指令。各类指令的具体形式及功能如下：

(1) 监控指令

1) 位置及姿态定义指令。

① POINT 指令：执行终端位置、姿态的齐次变换或以关节位置表示的精确点位赋值。

其格式有两种：

POINT<变量>[=<变量 2>…<变量 n>]

或 POINT<精确点>[=<精确点 2>]

例如：

POINT PICK1=PICK2　　//置变量 PICK1 的值等于 PICK2 的值。

POINT#PARK　　//准备定义或修改精确点 PARK。

② DPOINT 指令：删除包括精确点或变量在内的任意数量的位置变量。

③ HERE 指令：此指令使变量或精确点的值等于当前机器人的位置。

例如：HERE PLACK：定义变量 PLACK 等于当前机器人的位置。

④ WHERE 指令：该指令用来显示机器人在直角坐标空间中的当前位置和关节变量值。

⑤ BASE 指令：用来设置参考坐标系，系统规定参考系原点在关节 1 和 2 轴线的交点处，方向沿固定轴的方向。

格式：BASE[<dX>],[<dY>],[<dZ>],[<Z 向旋转方向>]

例如：

BASE300，-50，30　　//重新定义基准坐标系的位置，它从初始位置向 X 方向移 300，沿 Z 的负方向移 50，再绕 Z 轴旋转了 30°。

⑥ TOOLI 指令：此指令的功能是对工具终端相对工具支承面的位置和姿态赋值。

2) 程序编辑指令。

EDIT 指令：此指令允许用户建立或修改一个指定名字的程序，可以指定被编辑程序的起始行号。其格式为：

EDIT [<程序名>]，[<行号>]

如果没有指定行号，则从程序的第一行开始编辑；如果没有指定程序名，则上次最后编辑的程序被响应。

用 EDIT 指令进入编辑状态后，可以用 C、D、E、I、L、P、R、S、T 等命令来进一步编辑。如：

C 命令：改变编辑的程序，用一个新的程序代替。

D 命令：删除从当前行算起的 n 行程序，n 默认时为删除当前行。

E 命令：退出编辑返回监控模式。

I 命令：将当前指令下移一行，以便插入一条指令。

P 命令：显示从当前行往下 n 行的程序文本内容。

T 命令：初始化关节插值程序示教模式，在该模式下，按一次示教盒上的“RECODE”按钮就将 MOVE 指令插到程序中。

3）列表指令。

DIRECTORY 指令：显示存储器中的全部用户程序名。

LISTL 指令：显示任意个位置变量值。

LISTP 指令：显示任意个用户的全部程序。

4）存储指令。

FORMAT 指令：执行磁盘格式化。

STOREP 指令：在指定的磁盘文件内存储指定的程序。

STOREL 指令：存储用户程序中注明的全部位置变量名和变量值。

LISTF 指令：显示软盘中当前输入的文件目录。

LOADP 指令：将文件中的程序送入内存。

LOADL 指令：将文件中指定的位置变量送入系统内存。

DELETE 指令：撤销磁盘中指定的文件。

COMPRESS 指令：用来压缩磁盘空间。

ERASE 指令：擦除磁盘内容并初始化。

5）控制程序执行指令。

ABORT 指令：执行此指令后紧急停止（急停）。

DO 指令：执行单步指令。

EXECUTE 指令：执行用户指定的程序 n 次，n 取值范围为 $-32768 \sim 32767$，当 n 被省略时，程序执行一次。

NEXT 指令：此命令控制程序在单步方式下执行。

PROCEED 指令：此指令实现在某一步暂停、急停或运行错误后，自下一步起继续执行程序。

RETRY 指令：在某一步出现运行错误后，仍自那一步重新运行程序。

SPEED 指令：指定程序控制下机器人的运动速度，其取值范围为 $0.01 \sim 327.67$，一般正常速度为 100。

6）系统状态控制指令。

CALIB 指令：校准关节位置传感器。

STATUS 指令：显示用户程序的状态。

FREE 指令：显示当前未使用的存储容量。

ENABL 指令：用于开、关系统硬件。

ZERO 指令：清除全部用户程序和定义的位置，重新初始化。

DONE：停止监控程序，进入硬件调试状态。

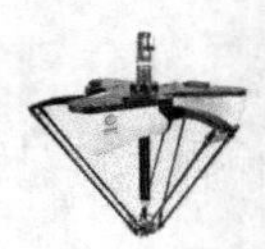

(2) 程序指令

1) 运动指令。运动指令包括 GO、MOVE、MOVEI、MOVES、DRAW、APPRO、APPROS、DEPART、DRIVE、READY、OPEN、OPENI、CLOSE、CLOSEI、RELAX、GRASP 及 DELAY 等。

这些指令大部分具有使机器人按照特定的方式从一个位姿运动到另一个位姿的功能，部分指令表示机器人手爪的开合。例如：

MOVE#PICK! //机器人由关节插值运动到精确 PICK 所定义的位置。"!"表示位置变量已有自己的值。

MOVET<位置>，<手爪开度> //生成关节插值运动使机器人到达位置变量所给定的位姿，运动中若手爪为伺服控制，则手爪由闭合改变到手爪开度变量给定的值。

OPEN[<手爪开度>] 使机器人手爪打开到指定的开度。

2) 机器人位姿控制指令包括 RIGHTY、LEFTY、ABOVE、BELOW、FLIP 及 NOFLIP 等。

3) 赋值指令包括 SETI、TYPEI、HERE、SET、SHIFT、TOOL、INVERSE 及 FRAME。

4) 控制指令包括 GOTO、GOSUB、RETURN、IF、IFSIG、REACT、REACTI、IGNORE、SIGNAL、WAIT、PAUSE 及 STOP。其中 GOTO、GOSUB 实现程序的无条件转移，而 IF 指令执行有条件转移。IF 指令的格式为：

IF<整型变量 1><关系式><整型变量 2><关系式>THEN<标识符>

该指令比较两个整型变量的值，如果关系状态为真，程序转到标识符指定的行去执行，否则接着下一行执行。关系表达式有 EQ（等于）、NE（不等于）、LT（小于）、GT（大于）、LE（小于或等于）及 GE（大于或等于）。

5) 开关量赋值指令包括 SPEED、COARSE、FINE、NONULL、NULL、INTOFF 及 INTON。

6) 其他指令包括 REMARK 及 TYPE。

6.3.2 SIGLA 语言

SIGLA 是一种仅用于直角坐标式 SIGMA 装配型机器人运动控制时的一种编程语言，是 20 世纪 70 年代后期由意大利 Olivetti 公司研制的一种简单的非文本语言。

SIGLA 可以在 RAM 大于 8KB 的微型计算机上执行，不需要后台计算机支持，在执行中，解释程序和操作系统可由磁带输入，约占 4KB RAM，也可固化在 PROM 中。

这种语言主要用于装配任务的控制，它可以把装配任务划分为一些装配子任务，如取旋具、在螺钉上料器上取螺钉 *A*、搬运螺钉 *A*、定位螺钉 *A*、装入螺钉 *A*、紧固螺钉等。编程时预先编制子程序，然后用子程序调用的方式来完成。

为了完成对子任务的描述及将子任务进行相应的组合，SIGLA 设计了 32 个指令字。要求这些指令字能够描述各种子任务以及将各子任务组合起来（形成可执行的任务）。

这些指令字共分 6 类：

1) 输入/输出指令。

2) 逻辑指令完成比较、逻辑判断、控制指令执行顺序。

3) 几何指令定义子坐标系。

4）调子程序指令。

5）逻辑联锁指令协调两个手臂的镜像对称操作。

6）编辑指令。

6.3.3 IML 语言

IML（Interactive Manipulator Language）也是一种着眼于末端执行器的动作级语言，由日本九州大学开发而成。IML 语言的特点是编程简单，能人机对话，适用于现场操作，许多复杂动作可由简单的指令来实现，易被操作者掌握。

IML 用直角坐标系描述机器人和目标物的位置和姿态。坐标系分两种，一种是机座坐标系，一种是固连在机器人作业空间上的工作坐标系。

语言以指令形式编程，可以表示机器人的工作点、运动轨迹、目标物的位置及姿态等信息，从而可以直接编程。往返作业可不用循环语句描述，示教的轨迹能定义成指令插到语句中，还能完成某些力的施加。

IML 语言的主要指令有：运动指令 MOVE、速度指令 SPEED、停止指令 STOP、手指开合指令 OPEN 及 CLOSE、坐标系定义指令 COORD、轨迹定义命令 TRAJ、位置定义命令 HERE、程序控制指令 IF…THEN、FOR EACH 语句、CASE 语句及 DEFINE 等。

6.3.4 AL 语言

6.3.4.1 AL 语言概述

AL 语言是 20 世纪 70 年代中期美国斯坦福大学人工智能研究所开发研制的一种机器人语言，它是在 WAVE 语言的基础上开发出来的，也是一种动作级编程语言，但兼有对象级编程语言的某些特征，适用于装配作业。它的结构及特点类似于 PASCAL 语言，可以编译成机器语言在实时控制机上运行，具有实时编译语言的结构和特征，如可以同步操作、条件操作等。AL 语言设计的原始目的是用于具有传感器信息反馈的多台机器人或机械手的并行或协调控制编程。

运行 AL 语言的系统硬件环境包括主、从两级计算机控制。主机的功能是对 AL 语言进行编译，对机器人的动作进行规划；从机接受主机发出的动作规划命令，进行轨迹及关节参数的实时计算，最后对机器人发出具体的动作指令。

6.3.4.2 AL 语言的编程格式

1）程序由 BEGIN 开始，由 END 结束。

2）语句与语句之间用分号隔开。

3）变量先定义说明其类型，后使用。变量名以英文字母开头，由字母、数字和下划线组成，字母不分大、小写。

4）程序的注释用大括号括起来。

5）变量赋值语句中如所赋的内容为表达式，则先计算表达式的值，再把该值赋给等式左边的变量。

6.3.4.3 AL 语言中数据的类型

1）标量（scalar）——可以是时间、距离、角度及力等，可以进行加、减、乘、除和指数运算，也可以进行三角函数、自然对数和指数换算。

2）向量（vector）——与数学中的向量类似，可以由若干个量纲相同的标量来构造一个向量。

3）旋转（rot）——用来描述一个轴的旋转或绕某个轴的旋转以表示姿态。用ROT变量表示旋转变量时带有两个参数，一个代表旋转轴的简单矢量，另一个表示旋转角度。

4）坐标系（frame）——用来建立坐标系，变量的值表示物体固连坐标系与空间作业的参考坐标系之间的相对位置与姿态。

5）变换（trans）——用来进行坐标变换，具有旋转和向量两个参数，执行时先旋转再平移。

6.3.4.4　AL语言的语句介绍

（1）MOVE语句　用来描述机器人手爪的运动，如手爪从一个位置运动到另一个位置。MOVE语句的格式为：

MOVE <HAND> TO <目的地>

（2）手爪控制语句

OPEN：手爪打开语句。

CLOSE：手爪闭合语句。

语句的格式为：

OPEN <HAND> TO <SVAL>

CLOSE <HAND> TO <SVAL>

其中SVAL为开度距离值，在程序中已预先指定。

（3）控制语句　与PASCAL语言类似，控制语句有下面几种：

IF <条件> THEN <语句> ELSE <语句>

WHILE <条件> DO <语句>

CASE <语句>

DO <语句> UNTIL <条件>

FOR…STEP…UNTIL…

（4）AFFIX和UNFIX语句　在装配过程中经常出现将一个物体粘到另一个物体上或将一个物体从另一个物体上剥离的操作。语句AFFIX为两物体结合的操作，语句AFFIX为两物体分离的操作。

例如：BEAM_ BORE和BEAM分别为两个坐标系，执行语句为：

AFFIX BEAM_ BORE TO BEAM

后两个坐标系就附着在一起了，即一个坐标系的运动也将引起另一个坐标系的同样运动。然后执行下面的语句：

UNFIX BEAM_ BORE FROM BEAM

两坐标系的附着关系被解除。

（5）力觉的处理　在MOVE语句中使用条件监控子语句可实现使用传感器信息来完成一定的动作。

监控子语句如：ON <条件> DO <动作>

例如：

MOVE BARM TO @ -0.1 * INCHES ON FORCE(Z)>10 * OUNCES DO STOP

该语句表示在当前位置沿Z轴向下移动0.1in（英寸），如果传感器检测Z轴方向的力超过10oz（盎司），则立即命令机械手停止运动。

6.4 机器人离线编程

6.4.1 机器人离线编程的特点和主要内容

早期的机器人主要应用于大批量生产，如自动线上的点焊、喷涂等，因而编程所花费的时间相对比较少，示教编程可以满足这些机器人作业的要求。随着机器人应用范围的扩大和所完成任务复杂程度的提高，在中小批量生产中，用示教方式编程就很难满足要求。

机器人离线编程系统是机器人编程语言的拓展，它利用计算机图形学的成果建立起机器人及其工作环境的模型，再利用一些规划算法，通过对图形的控制和操作，在离线的情况下进行轨迹规划。机器人离线编程系统已被证明是一个有力的工具，能够增加安全性，减少机器人不工作时间和降低成本等。表 6-1 给出了示教编程和离线编程两种方式的比较。

表 6-1 示教编程和离线编程两种方式的比较

示 教 编 程	离 线 编 程
需要实际的机器人系统和工作环境	需要机器人系统和工作环境的图形模型
编程时机器人停止工作	编程不影响机器人工作
在实际系统上试验程序	通过仿真试验程序
编程质量取决于编程者的经验	可用 CAD 方法，进行最佳轨迹规划
很难实现复杂的机器人运动轨迹编程	可实现复杂运动轨迹的编程

与示教编程方式相比，离线编程方式具有如下优点：

1）减少机器人不工作的时间，当对下一个任务进行编程时，机器人仍可在生产线上工作。

2）使编程者远离危险的工作环境。

3）使用范围广，离线编程系统可以对各种机器人进行编程。

4）便于和 CAD/CAM 系统结合，做到 CAD/CAM/Robotics 一体化。

5）可使用高级计算机编程语言对复杂任务进行编程。

6）便于修改机器人程序。

目前的机器人语言都是动作级和对象级语言，编程工作是相当冗长繁重的，而作为高水平的任务级语言系统目前还在研制之中。任务级语言系统除了要求更加复杂的机器人环境模型支持外，还需要利用人工智能，以自动生成控制决策和产生运动轨迹。因此，离线编程系统可以看作是动作级和对象级语言图形方式的延伸，是发展动作级和对象级语言到任务级语言所必须经过的阶段。从这点来看，离线编程系统是研制任务级编程系统的一个很重要的基础。

离线编程系统不仅是当前机器人实际应用的一个必要手段，也是开发和研究任务级规划的有力工具。通过离线编程可建立起机器人与 CAD/CAM 之间的联系。设计离线编程系统应考虑以下几个方面：

1）机器人工作过程的知识。

2）机器人和工作环境三维实体模型。

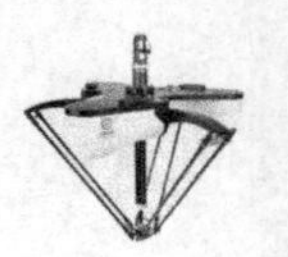

3）机器人几何学、运动学和动力学知识。

4）基于前面三项的软件系统，该系统是基于图形显示的，可进行机器人运动的图形仿真。

5）轨迹规划和检测算法，如检查机器人关节超限、检测碰撞、规划机器人在工作空间的运动轨迹等。

6）传感器的接口和仿真，利用传感器的信息进行决策和规划。

7）通信功能，进行离线编程系统所生成的运动代码到各种机器人控制柜的通信。

8）用户接口，提供有效的人机界面，便于人工干预和进行系统的操作。

最初的离线编程系统是纯文本的，虽然简易，但由于其缺乏对机器人运动轨迹三维空间坐标的直观描述，轨迹坐标及姿态参数的确定相当困难。多数情况下仍需通过机器人示教获得，因而难以实现完全意义上的离线编程。随着计算机图形功能的增强，基于三维图形的机器人仿真和离线编程系统得到开发和应用。目前市场上的这类软件有 Workspace5、RobotWorks、RobotStudio、HOLPSS 等。这类软件在对各类机器人语言的支持、三维图形模块的构建和导入、机器人运动轨迹的规划、离线编程的操作、动态仿真等方面各有千秋，但都是基于 Windows 平台开发的，因而具有一般应用程序的交互图形化友好操作界面并利用对三维图形的支持，通过各种形式的三维图形建模或导入方法，再现机器人的三维虚拟世界，以实现对机器人离线编程三维运动轨迹的规划和动态仿真。

6.4.2 机器人离线编程系统的基本组成

机器人离线编程系统主要由用户接口、三维图形建模、运动学计算、轨迹规划、运动仿真、并行操作、传感器仿真和通信接口等部分组成，系统框图如图 6-3 所示。

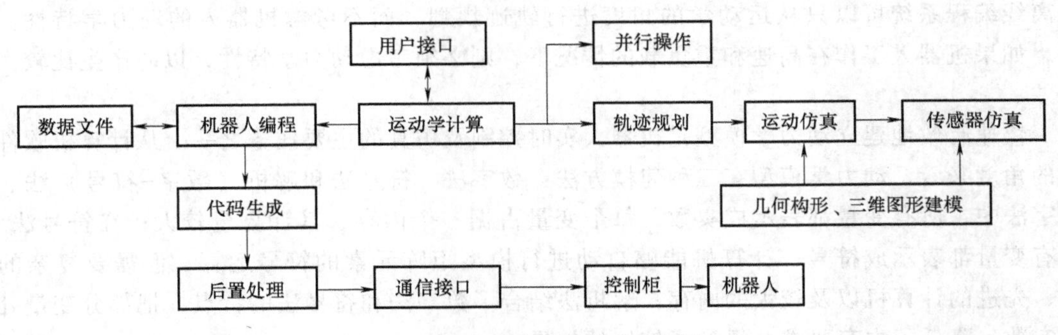

图 6-3 机器人离线编程系统框图

（1）用户接口 工业机器人一般提供两个用户接口，一个用于示教编程，另一个用于语言编程。示教编程模式下，可以用示教盒直接编制机器人程序；语言编程模式下，要用机器人语言编制程序，使机器人完成给定的任务。目前，这两种方式均广泛地应用于工业机器人。

在离线编程系统中，机器人语言是用户接口的一部分，能够对机器人运动程序进行修改和编辑。

用户接口的另外一个重要功能，是对机器人系统进行图形编辑。为便于操作，用户接口一般设计成交互式。一个好的用户接口可帮助用户方便地进行三维图形建模和编程操作。

（2）机器人系统的三维图形建模　目前用于机器人系统的三维图形建模主要有以下三种方式：结构立体几何表示、扫描变换表示和边界表示。其中，边界表示是最便于形体在计算机内表示、运算、修改和显示的建模方法；结构立体几何表示所覆盖的形体种类较多；扫描变换表示则便于生成轴对称的形体。机器人系统的三维图形建模大多采用这三种形式的组合。

（3）运动学计算　运动学计算分为运动学正解和运动学逆解两部分。运动学正解是已知机器人运动参数和关节变量，计算机器人末端位姿；运动学逆解则是由已知的末端位姿计算相应的关节变量值。离线编程系统具有自动生成运动学正解和逆解的功能。

就运动学逆解而言，离线编程系统与机器人控制柜的联系既可以在笛卡儿空间（通过笛卡儿坐标值联系）也可以在关节空间（通过关节位移变量值联系）进行。在关节空间上联系时，离线编程系统运动学逆解方程式应做到和机器人控制柜所采用的公式一致。

（4）轨迹规划　离线编程系统除了对机器人静态位置进行运动学计算外，还对机器人在工作空间的运动轨迹进行仿真。由于不同的机器人厂家所采用的轨迹规划算法差别很大，离线编程系统应对机器人控制柜所采用的算法进行仿真。

机器人的运动轨迹分为两种类型：自由移动（仅由初始状态和目标状态定义）和依赖于轨迹的约束运动。约束运动受到路径、运动学和动力学约束，而自由移动没有约束条件。

轨迹规划器接收路径设定和约束条件的输入，并输出起点和终点之间按时间排列的中间状态（位置、姿态、速度和加速度）序列，中间状态序列可用关节坐标或笛卡儿坐标表示。轨迹规划器采用轨迹规划算法，如关节空间的插补、笛卡儿空间的插补计算等。同时，为了发挥离线编程系统的优点，轨迹规划器还应具备可达空间的计算、碰撞的检测等功能。

（5）运动仿真　当机器人跟踪期望的运动轨迹时，如果所产生的误差在允许范围内，则离线编程系统可以只从运动学的角度进行轨迹规划，而不考虑机器人的动力学特性。但是，如果机器人工作在高速和重负载的情况下，则必须考虑动力学特性，以防产生比较大的误差。

快速有效地建立动力学模型是机器人实时控制及仿真的主要任务之一。从计算机软件设计的角度来看，动力学模型有三种建模方法：数字法、符号法和解析（数字-符号）法。在数字法中，所有变量都表示成实数，每个变量占据一个内存，其计算量较大；在符号法中，所有变量都表示成符号，计算机能够自动进行模型矩阵元素的符号运算，但需要复杂的软件、先进的计算机以及较大的内存；解析法结合了数字法和符号法的特点，把部分变量处理成实数，降低了内存要求，得到了较好的效果。

（6）并行操作　离线编程系统应能对多个装置进行仿真，而并行操作就是在同一时刻对多个装置工作进行仿真的技术。在并行操作执行过程中，首先对每一装置分配并联和串联存储器。如果可以分配几个不同处理器共用一个并联存储器，则可使用并行处理，否则应该在各存储器中交换执行情况，并控制各工作装置的运动程序的执行时间。由于有些装置之间是串联工作的，并且并联工作装置也可能以不同的采样周期工作，因此常需使用装置检查器，以便对各运动装置进行仿真。装置检查器的作用是检查每一装置的执行状态。在工作过程中，装置检查器对串联工作的装置统筹安排运动的顺序；当并联工作的某一任务结束时，装置检查器可进行整体协调。此外，装置检查器还可询问时间采样控制器以决定每一装置的采样时间是否要细分。时间采样控制器与各运动装置交换信息，以求得采样时间的一致。

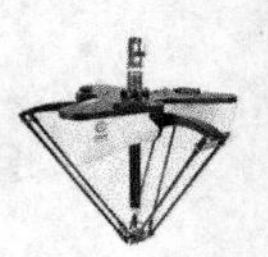

(7) 传感器的仿真　在离线编程系统中，传感器主要分为局部传感器和全局传感器两类，局部传感器有用于实现力觉、触觉和接近觉等的传感器；全局传感器有用于实现视觉等的传感器。传感器可以通过几何图形仿真获取信息。以触觉传感器为例，为了获取有关接触的信息，可以将压力传感器阵列的几何模型分解成一些小的几何块阵列，然后检查几何块和物体间是否存在干涉，并将所有和物体发生干涉的几何块用颜色编码，通过图形显示得到接触信息。

用于实现接近觉的传感器也可利用几何模型间的干涉检查来仿真，此时传感器的几何模型可用一个长方体表示，长方体的大小即为传感器所测的范围，将长方体分块，每一块表示传感器所测距离的一个单位，通过计算传感器几何模型的每一块和外界物体相交的集合，就可以进行接近觉的仿真。

由以上对实现触觉和接近觉的传感器的仿真可以知道，传感器的仿真主要涉及几何模型间的干涉（相交）检验问题。

力传感器的仿真要更复杂一些，它除了要检测力传感器的几何模型和物体间的干涉外，还需计算出二者干涉的体积，根据干涉体积的大小可以定量地表征出实际力传感器所测力的数值。

(8) 通信接口　在离线编程系统中，通信接口起着连接软件系统和机器人控制柜的桥梁作用。利用通信接口，可以把仿真系统所生成的机器人运动程序转换成机器人控制柜可以接受的代码。

不同工业机器人所配置的机器人语言差异很大，且缺乏统一的标准通信接口，这给离线编程系统的通用性带来了很大的限制。解决这个问题有两种办法。一种办法是选择一种较为通用的机器人语言，通过对该语言进行加工（后置处理），使其转换成不同机器人控制柜均可接受的语言。直接进行语言转化有两个优点：一是使用者不需要学习多种机器人语言，就能对不同的机器人进行编程；二是在许多机器人应用的场合，该方法具有一定经济性。但是，由于目前工业上所使用的机器人语言种类很多，直接进行语言转化是很复杂的。另一种办法是将离线编程的结果转换成机器人可接受的代码，这种方法需要一种翻译系统，以快速生成机器人的运动程序代码。

(9) 误差的校正　离线编程系统中的仿真模型（理想模型）和实际的机器人模型相比必定会存在一些误差，产生误差的因素主要有如下几方面：

1）机器人方面。

① 连杆的制造误差和关节偏置的变化。这些结构上的小误差会使机器人终端产生较大的误差。

② 机器人结构的刚度不足，在重负载情况下，机器人会因结构上的弹性变形而产生较大的误差。

③ 相同型号机器人的不一致性。在仿真系统中，型号相同的机器人的仿真模型是完全一样的，而在实际情况下，相同型号的不同机器人往往存在细小的差别。

④ 控制器的数字精度。控制器的数字精度主要受微处理器字长以及控制算法计算效率的影响。

2）工作空间方面。

① 在工作空间内，系统很难准确地确定出物体（机器人、工件等）相对于基准点的

方位。

② 外界工作环境（例如温度）的变化会对机器人的性能产生一定的影响。

3）离线编程系统方面。

① 离线编程系统的数字精度。

② 实际模型数据的质量。

上述因素都会使离线编程系统在工作时产生误差。例如，误差会导致机器人实际位置与理想模型位置不符的情况。目前误差校正的方法主要有两种。一种方法是利用基准点，即在工作空间内选择一些具有比较高的位置精度的基准点（一般不少于三点），由离线编程系统规划，使机器人运动到这些基准点，根据两者之间的差异，形成误差补偿函数。另一种方法是利用传感器形成反馈，在离线编程系统所提供的机器人位置基础上，由传感器来完成局部精确定位。第一种方法主要用于精度要求不太高的场合（如喷涂）；第二种方法主要用于较高精度的场合（如装配）。

习　题

1. 根据作业描述水平的高低，机器人语言可分为哪些类型？各有什么特点？
2. 机器人编程语言的基本功能有哪些？
3. 常用的机器人编程语言有哪些？
4. 简述机器人离线编程系统的基本组成。

第7章 机器人的应用与发展

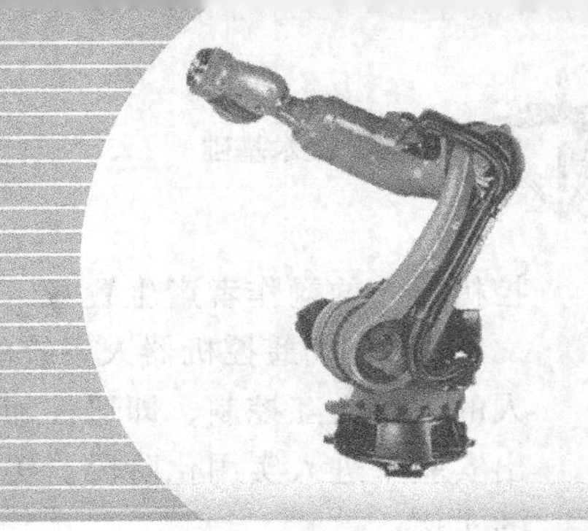

7.1 机器人应用概述

机器人（Robot）是自动执行工作的机器装置。它既可以接受人类指挥，又可以运行预先编排的程序，也可以根据以人工智能技术制定的原则纲领行动。它的任务是协助或代替人类完成某些工作，例如生产制造、建筑施工或某些危险环境下的工作等。有些人认为，最高级的机器人要做得和人一模一样，其实不然。实际上，机器人是综合了机械传动、现代微电子技术和液压与气动技术而生产出的一种能模仿人类某种技能的机电设备，它是在电子、机械及信息技术相融合的基础上发展而来的，因此，机器人的样子不一定必须像人。机器人技术是综合了计算机、控制论、机构学、信息和传感技术、人工智能、仿生学等多学科而形成的高新技术，随着中国制造2025规划的提出和智能制造概念的兴起，机器人技术在我国各个领域的应用日益广泛。机器人的应用情况，已成为一个国家工业自动化水平的重要标志。机器人并不是在简单意义上代替人工劳动，而是综合了人类特长和机器特长的一种拟人电子机械装置，既有人类对环境状态的快速反应和分析判断能力，又有机器可长时间持续工作、精确度高、抗恶劣环境的能力，从某种意义上说，它也是机器的进化过程产物。无论在工业领域还是非工业领域，它都是重要的生产和服务性设备，也是先进制造技术领域不可缺少的自动化设备。

（1）机器人的现状

1）工业机器人性能不断提高（高速度、高精度、高可靠性、便于操作和维修），而单机价格不断下降。

2）机械结构向模块化、可重构化发展。如关节模块中的伺服电动机、减速机、检测系统三位一体化；由关节模块、连杆模块用重组方式构造的机器人整机等。

3）工业机器人控制系统向基于PC机的开放型控制器方向发展，便于标准化、网络化；器件集成度提高，控制柜日见小巧，且采用模块化结构，大大提高了系统的可靠性、易操作性和可维修性。

4）机器人中的传感器作用日益重要，除采用传统的位置传感器、速度传感器、加速度传感器等外，装配机器人、焊接机器人还应用了可实现视觉、力觉的传感器，而遥控机器人则采用了多传感器的融合技术来进行环境建模及决策控制。多传感器融合配置技术在产品化系统中已有成熟应用。

5）虚拟现实技术在机器人中的作用已从仿真、预演发展到用于过程控制，如使远程遥

控机器人的操作者产生置身于远端作业环境中的感觉，从而更好地操纵机器人。

6）现代遥控机器人系统的发展特点不再是追求全自治系统，而是致力于操作者与机器人的人机交互控制，即遥控加局部自主系统构成完整的监控遥控操作系统，使智能机器人走出实验室进入实用化阶段。美国发射到火星上的“索杰纳”机器人就是这种系统成功应用的实例。

7）机器人化机械开始兴起。从20世纪90年代美国开发出“虚拟轴机床”以来，这类机器人化机械已成为国际研究的热点之一，各国纷纷探索开拓其实际应用的领域。

（2）机器人与安全　机器人的应用，尤其是在人、机共存的环境下，安全是至关重要的。许多国家在总结多次事故经验教训的基础上，制定了严格的工业机器人作业规程，如工业机器人必须在规定范围内进行作业，作业未停止绝不允许人接近机器人。正是由于这种基于时空的安全规则，使工业机器人在生产作业中广泛应用。目前，与人接触的服务机器人还未得到普及，如何使服务机器人根据具体情况来及时回避各种危险，制定回避危险的判断标准是一个正待解决的难点。

1）机器人的危险性。导致机器人具有危险性的原因有如下几点：

① 操作人员在机器人突然发生异常动作时没有正确处理，或者是操作人员习惯了机器人的正常状态而对故障疏于防范，从而造成事故。

② 外来人员进入机器人的可动范围。

③ 在机器人可动范围内对机器人进行示教、检查、维修时，机器人由于操作人员失误产生误动作或由于故障产生误动作。

以上几点发生，就可能引起人身事故或设备事故。机器人与一般的机械设备不同，机器人的可动范围广，具有高速运动的大功率手臂和复杂自主的动作，因此机器人造成的人身事故是非常严重的。

可用故障树分析法（FTA）对机器人误动作造成的人身事故的原因进行归纳整理，如图7-1所示。

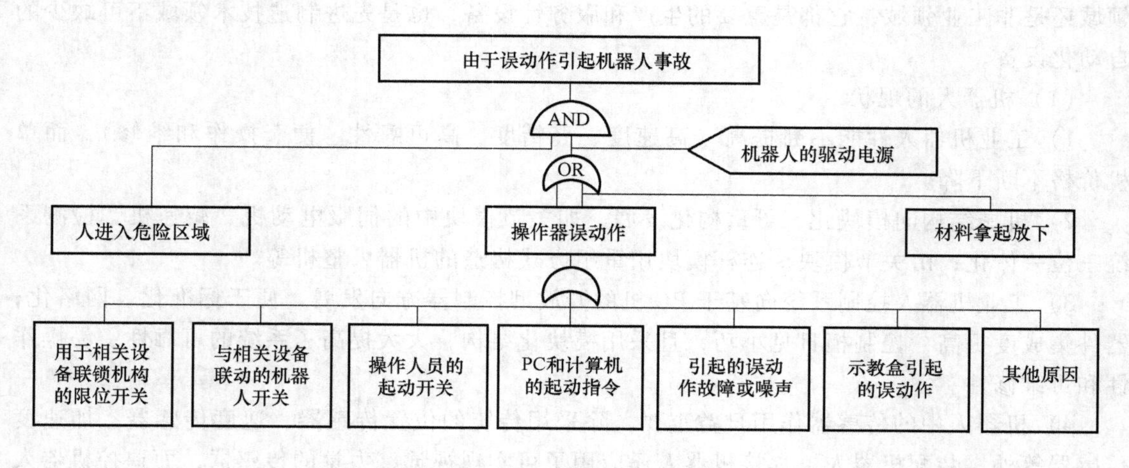

图7-1　工业机器人误动作造成事故的FTA图

人身安全事故大多发生在人随便进入机器人的可动范围内或静止的机器人突然有误动作时。另外，在机器人进行拿起或放下的动作时，如果旁边的人不加注意也有可能被撞伤。

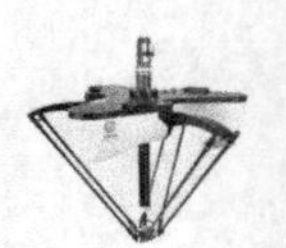

人进入机器人的可动范围有下述几种情况：

① 进行示教作业或进行示教结果的验证时。

② 起动时的检查和平时的定期检查时。

③ 调整、修理及结果验证时。

④ 在机器人自动运转过程中，对突然发生的事故进行紧急处理时。

⑤ 人发生判断错误时。

在没有切断机器人驱动电源的情况下，人进入机器人的可动范围内，为了某种操作的需要又不得不起动机器人，这是很危险的。对于这种情况，应预先把机器人设置在示教状态或手动操作状态，而且还必须降低机器人的运转速度。即使采取这样的措施，对于机器人内部产生故障或受到外界的干扰而引发意想不到动作，或者由于操作人员的误操作引起机器人动作突然加速的危险情况都要格外防范。机器人中的控制电路都是处理高速弱电信号的，一般来说这些电路的抗干扰性能不算太好，小小的干扰或人为的误输入都会使机器人产生大功率输出的误动作，因此在维修或检查机器人的控制电路时要谨慎从事。

2）基本安全措施。为了防止发生人身事故，必须采取安全措施。下面列举一些原则性的安全措施。

① 尽量减少危险部位。采用机器人组成自动化系统时，由于机器人的动作范围大，与其他机械设备衔接的地方很多，因而对人构成威胁的危险部位比一般的机械设备要多，所以在考虑系统布局时，应尽量减少这些危险部位。例如，机器人有伸缩、摆动、俯仰、夹紧与放开等动作，应在这些部位设置挡块等制动器，或适当降低机器人的输出功率和运动速度，以减少对人的威胁。

② 隔离人与机器人的危险部位。在机器人自动运行时，原则上应该用栏杆、围障或罩子把人与机器人隔离开来。这些方法符合人机工程学中的某些原则，结构简单，人只能在栏杆等屏障外面才能起动机器人。但是，在对机器人进行示教或修理而不得不进入栏杆时，进去的人必须是受过安全教育的，而且必须两人进行作业，其中一人负责监督，以防意外。

③ 附加安全装置。用于机器人系统的附加安全装置有安全停止按钮、人进入危险区域时能发出报警信号的光电检测安全装置或超声波传感装置、安全网、能检测与人接触时所产生的冲击力的加速度传感装置等。对安全停止按钮来说还必须附加联锁开关，联锁开关能在机器人停止运行后，保证只要没有人起动，机器人就不会产生动作。这些附加安全装置具有自我诊断的功能，而且这些装置对故障或异常现象的信号处理都与机器人的运行无关，是专用于保护人身安全的装置。

7.2　机器人的典型应用

7.2.1　工业机器人

工业机器人经过多年的研究、开发及普及，在制造业中已得到广泛的应用，其主要用途（作业）和技术概述见表7-1。随着新材料、新技术的产生，工业机器人的用途将不断地向新的应用领域拓展。

表 7-1　工业机器人的主要用途和技术概述

主要用途(作业)	技术概述
铸造、压模铸造	铸造是将熔融金属液浇入铸型中,并使其凝固成形的制造方法,铸型多为砂型。压铸则是以高压将铝合金或锌合金的金属液注入金属型的一种铸造方法,该方法经常用于薄壁构件的大量生产 机器人作业的任务是向金属型腔内插入型芯、从型腔内取出成品以及型腔内面的喷涂(脱模剂涂布)等
锻造	锻造是通过工具向金属材料加压使之产生变形以获得锻造效果的加工方法。接锻造时温度的高低可以将其分为热锻、温锻和冷锻,按成形方式可以将其分为自由锻(在空气锤或压力机锤头与铁砧之间压缩成形)和模锻(在按开关要求制成的一组金属型内成形)两种。机器人的任务是为模锻机、修边机等上料、取料,并去除飞边等
树脂成型	树脂成型分为压注模成型(将树脂注入型腔内使零件成型)和嵌件成型(在金属型内装入嵌件,如金属块、导线、电器元件等,然后注入树脂形成复合零件)。机器人用于成品取出、在前端安装空气剪以便切断树脂成型品的浇口、插入嵌件等。此外,还有吹塑成型(向合成树脂板吹热风,有时可以在背面配合抽吸,使树脂板与模具内腔贴合),此时机器人担负物料搬运、热风机操作等任务。纤维增强塑料的制作也可以让机器人完成绕线成型(在辊轴模型上,一边向长条波瓣状增强材料浸渍树脂,一边缠绕硬化的制造方法)时的纤维引导作业
金属冲压	压力机是在两个以上配对的金属型之间放置被加工材料进行压力成形的一种设备。机器人可以用于被加工材料(工件)的上、下料,它往往被设计成专用设备
电弧焊	电弧焊是利用低电压、大电流的电弧放电现象在局部产生大量热量使金属接合的方法。电弧焊焊接机器人以焊枪为末端执行器,它的应用非常广泛。如果两台以上的机器人进行协调操作,抓取工件的机器人可以实现位置补偿
点焊	点焊是利用电极向被焊接材料加压,让短时大电流通过电阻发热进行接合的一种电阻焊接方法。与电弧焊相比,点焊的特点是不需要焊剂。点焊机器人的应用形式是以焊钳作为末端执行器。有的点焊机器人具有焊钳交换功能(机械接口),可以通过更换焊钳实现打点功能
激光焊接	激光焊接是利用激光的高能量密度热源,使钢铁材料、非铁材料、塑料等局部熔化完成焊接。钇铝石榴石激光可以沿柔性的光纤进行传输,所以激光照射部分可以充当机器人的末端执行器,按照给定的速度和位置,以非接触方式在工件上进行焊接
喷涂	以喷枪为机器人的末端执行器完成工件的喷涂任务
上、下料作业	机器人用于机床的毛坯的运输、供应和工件装卸作业
机械切割	利用切削刃等机械切断装置完成工件切断作业。通常在机器人的末端执行器部位安装刀具
研磨、去毛刺	除去零件成形时产生的毛刺、焊渣,以及进行抛光打磨等。机器人有多种作业方式,如机器人末端执行器安装研磨装置后接近工件,或者机器人抓取工件接近研磨装置等。机器人工具的形式也很多,如旋转切割砂轮、电动除锈器、低压研磨机等
其他机械加工	例如,采用高刚性机器人抓取工件,以此定位于面铣刀实现平面加工。由于此种加工方式还存在定位精度和刚性不足等问题,因而应用较少
气割	气割是利用燃烧热能使材料局部熔化并将其去除的切断方法,该方法在钢材热切断方面有广泛的应用。气割作业时,在机器人的末端执行器部位安装割炬
激光切割	激光切割是利用高能量密度的激光束使钢铁材料、非铁材料、塑料等局部熔化进行切割。钇铝石榴石激光可以通过柔性光纤进行传输,所以激光照射部分可以充当机器人的末端执行器,按给定的速度和位置,以非接触方式在工件上进行切割
水力切割	水力切割是从极细的喷嘴中喷射高压水(通常在水中掺入磨粒),利用动能来切断工件。该方法对非耐热材料实施切断极为有效。由于水的压力高、流量小,其切断过程几乎不产生反作用力。其作业形式是在机器人末端执行器部位安装高压水喷嘴,以给定的速度沿工件的给定位置进行移动完成切断

（续）

主要用途（作业）	技术概述
一般装配	利用高精度和高刚性机器人完成装配、紧固等作业
插装	插装是指将DIP IC、接线端子、电容等电子元器件插入印制电路板。此类作业既可以采用通用机械手，又可以采用专用电子元件装配机器人
表面贴装	用于将芯片贴装到印制电路板上的工序。机器人的工作条件与插装类似
键合	键合分为两种应用场合：一种称为芯片键合，是将IC硅芯片贴装到引脚框（半导体元器件突出的引脚部分）上；另一种称为引线键合，是利用20~50mm的盘丝（或铝丝）将芯片电极与引脚框的电极连接起来。键合多采用类似机器人的专用设备，今后会更多地采用微型机器人
密封、胶合	密封以防水、防尘为目的，胶合以结合为目的。密封作业时，可以在机器人的末端执行器部位安装封口枪，靠压力将密封材料按数量要求送到指定位置完成涂布工序。胶合作业时，则在机器人末端执行器部位安装敷料喷嘴，在料罐压力下黏合胶被压送至给定位置，按给定的数量将其涂布在工件上
螺栓紧固	螺栓紧固机器人利用真空吸附或磁力吸附抓握螺栓，按给定的压力和转矩紧固螺栓。螺栓紧固机器人也常用于螺栓检查作业
其他装配	在装配作业中，机器人可以完成各种零件的抬放等任务
出入库	将装满产品的方箱或托盘码垛、拆垛，或者把产品码放在托盘上

（1）工业机器人应用工程系统的构成　在制造业中，把工业机器人应用于生产系统时，大多采用将工业机器人固定到作业工位上对工件进行操作的形式，这是因为工业机器人在工序中承担的作业是多种多样的。如机器人抓取工件将其转移至某个固定的作业机上；或者固定工件的夹具是运动的，它配合机器人的动作；或者让多台机器人协调动作等。一般而言，工业机器人应用系统的基本组成为工业机器人、控制器、周边设备和安全防护系统，如图7-2所示。

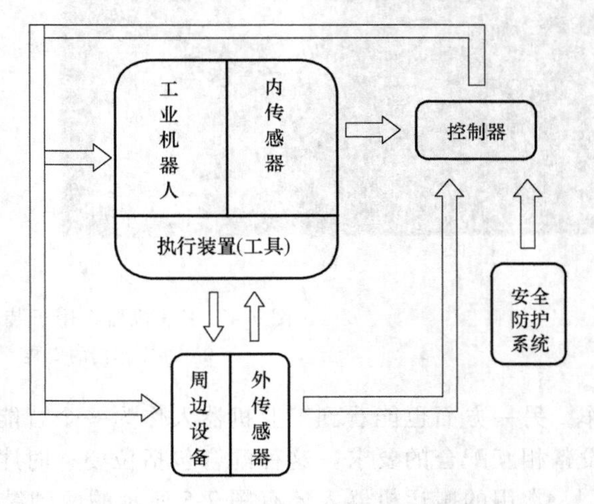

图7-2　工业机器人应用系统的基本组成

（2）工业机器人在制造业中的应用　工业机器人作为一种智能化的工具，不但具有定位精度高、工作速度快等特点，还具有持续工作的能力，因此在工业领域得到了广泛的应用。下面根据其功能不同，分别介绍工业机器人的应用情况。

1）物料搬运。物料搬运是采用机器人替代人力劳动最常见的一种方法。和人在搬运物品时需要用手一样，工业机器人在抓取物品时，往往需要配备不同的手爪，图7-3所示为工业机器人物料搬运的示例。

图7-3a所示为专门配置用来抓取大包物品手爪的四轴工业机器人，图7-3b所示为工业机器人在传送带等周边设备的配合下，完成码垛工作。

从功能上看，装配和精确上下料也是搬运工作的一种，只是在工作中会有空间位姿精确定位以及速度配合的要求。图7-4a所示为工业机器人在进行轿车车门的安装工作，图7-4b所示为工业机器人在为机床进行上下料的操作。

从以上案例中我们一方面可以看到工业机器人在配上不同的手部工具后能承担不同的工

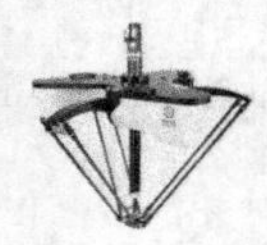

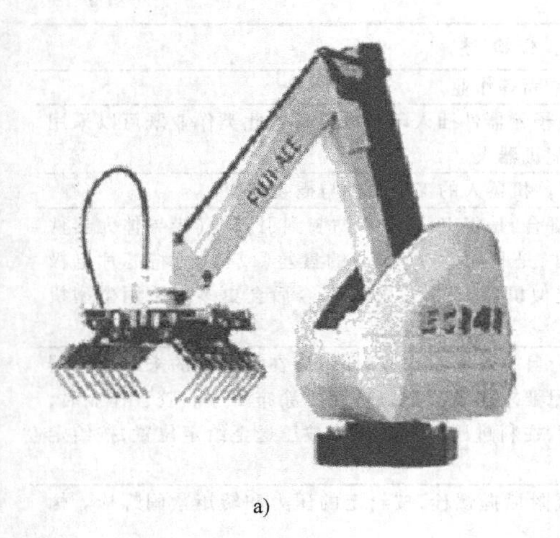

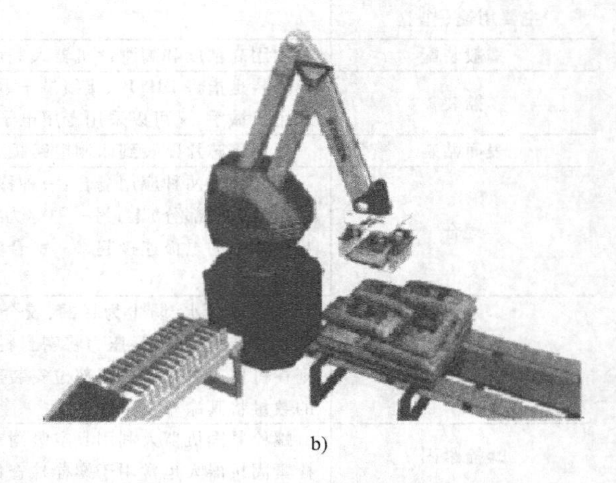

a) b)

图 7-3 工业机器人应用于物料搬运的示例

a）四轴工业机器人 b）码垛机器人

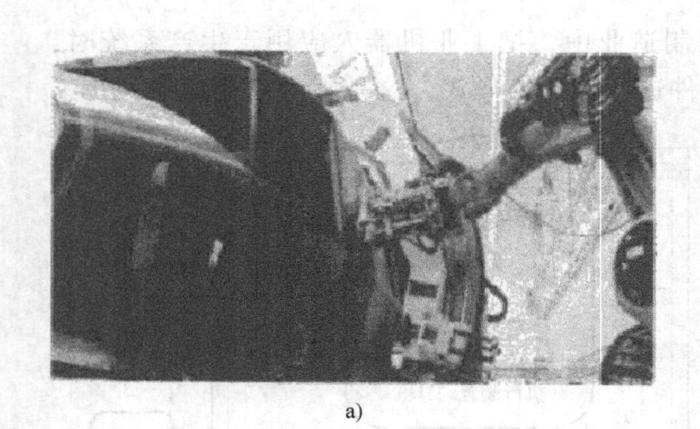

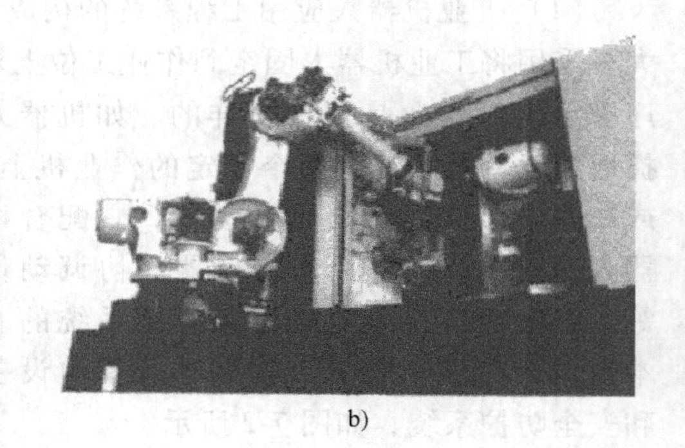

a) b)

图 7-4 工业机器人用于装配和上下料工作的示例

a）轿车车门的安装 b）上下料的操作

作，另一方面也能看到工业机器人作为一个智能化的工具，在实际应用时，有与系统中周边设备相互配合的要求。这种配合包括位姿、时序、动作等方面的配合与协调。

常用的搬运机器人还有图 7-5 所示的两种结构形式。图 7-5a 所示为平面关节型机器人，该类机器人平面移动速度快，定位精度较高；图 7-5b 所示为近年来应用越来越多的并联结构机器人，这类机器人的移动速度比平面关节型机器人更快。

此外，自动导引（AGV）小车也可以被视为一种具有搬运功能的机器人，图 7-6 所示为 AGV 小车搬运工作示例，即 AGV 小车在制造系统的导向和控制下完成所载物料的自动运输工作。

搬运机器人还是自动化立体仓库的重要组成部分，图 7-7 所示为自动化立体仓库中的搬运机器人示例。

2）焊接。焊接工作的技术性很强，人工承担该项工作，不但需要操作人员有熟练的技能，而且其焊接质量的一致性也难以持续保证。而机器人的技术特点使它能在焊接工作中发挥极好的作用。

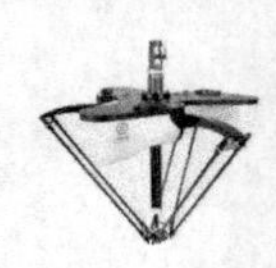

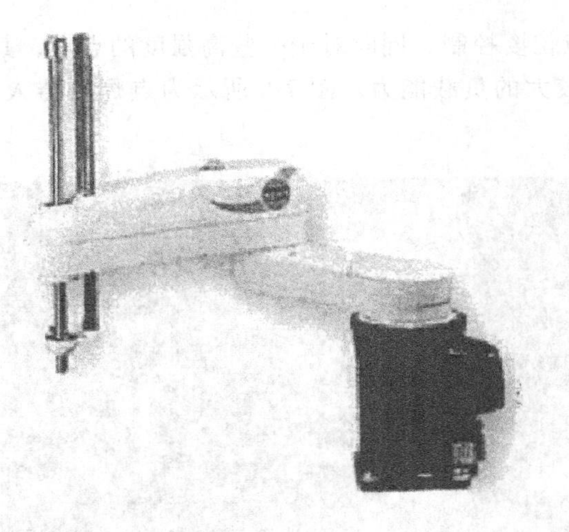

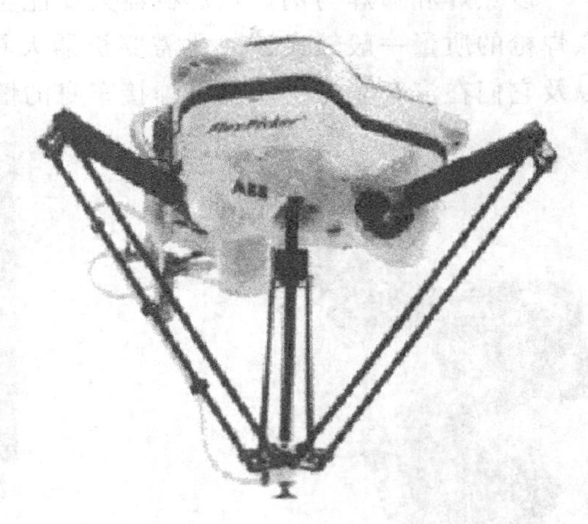

a)　　b)

图 7-5　常用的两种搬运机器人示例

a）平面关节型机器人　b）并联结构机器人

图 7-6　AGV 小车搬运工作示例

图 7-7　自动化立体仓库中的搬运机器人示例

以点焊和弧焊为例。点焊机器人要能实现点位姿控制，同时对于一些高强度的点焊，其点焊枪的质量一般较大，因此需要机器人具有较大的负载能力。图 7-8 所示为点焊机器人，以及它们在汽车车身生产线上焊接车身的情况。

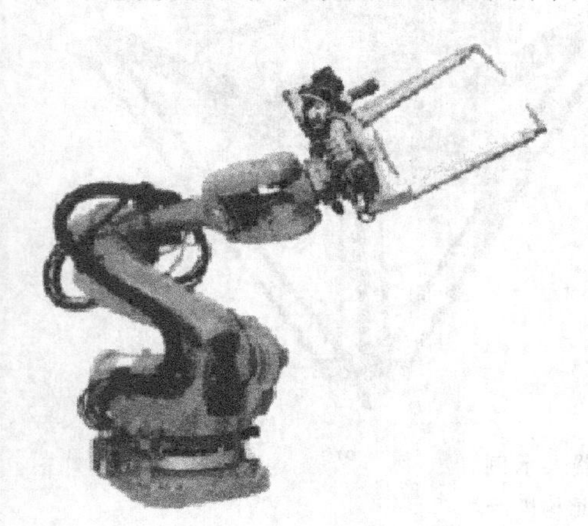

图 7-8　点焊机器人及其应用示例

对于弧焊机器人而言，要求其具有空间轨迹与姿态控制能力，并能根据焊接要求，实现必要的摆动运动。

由于弧焊中焊缝的复杂性，一般除了多轴的工业机器人外，还会配备焊接转台，然后通过两者相互的配合来完成复杂焊缝的焊接工作。图 7-9 所示为弧焊机器人及焊接转台应用示例。

图 7-9　弧焊机器人及焊接转台应用示例

3）喷漆。喷漆工作对于操作工人的健康有一定的影响，同时人工操作也很难持续保证漆膜的均匀性。而工业机器人应用于喷漆工作能有效地解决这些问题。喷漆机器人一般需要轨迹控制，不过其精度要求并不高。但考虑到喷漆过程中会形成油漆喷雾，因此需要喷漆机器人具有防爆功能。图 7-10 所示为喷漆机器人应用示例。

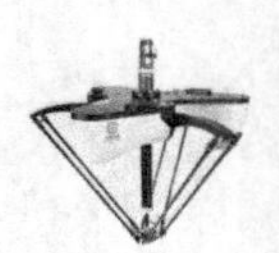

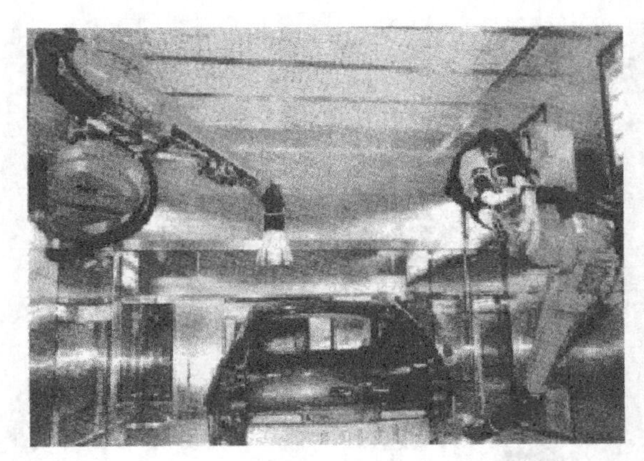
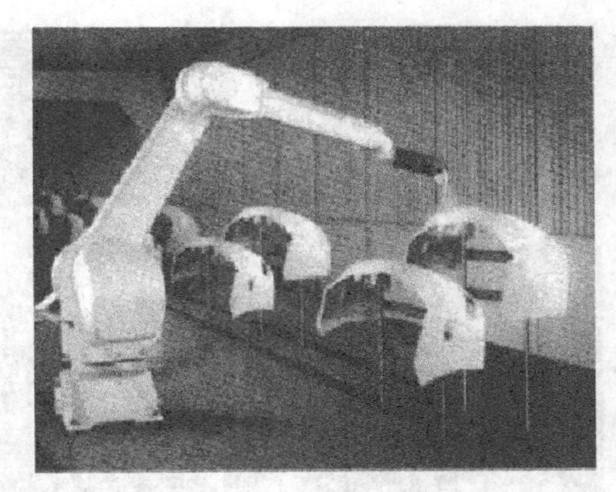

图 7-10　喷漆机器人应用示例

4）去毛刺。去毛刺是一项比较繁重和脏乱的工作，因此工业机器人在这方面的应用也比较多。只要在机器人的手部安装一个打磨装置，那么在程序的控制下，机器人就能完成相应的工作，图 7-11 所示为工业机器人在进行去毛刺和倒角工作的案例。

a)

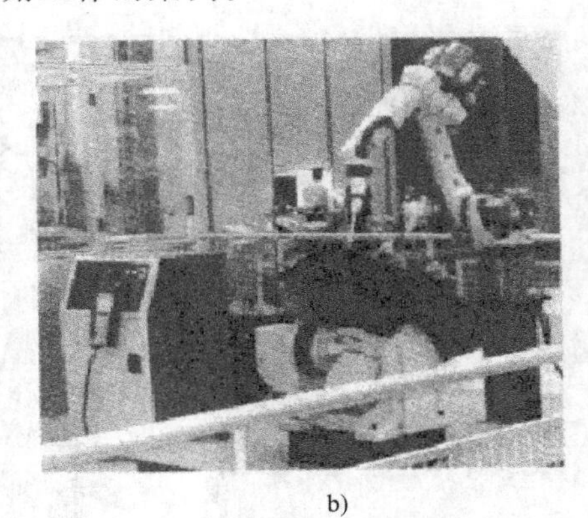

b)

图 7-11　去毛刺机器人应用示例

a）机器人握着工件进行去毛刺　b）机器人在回转工作台的配合下进行工件的倒角

5）机械加工。由于多轴机器人能完成空间位姿的控制，因此如果配置了相应的加工动力头，就能完成空间位姿上的机械加工工作。图 7-12 所示为机器人机械加工的示例。

6）在洁净环境中的应用。在一些超精加工（如半导体芯片、集成电路制造）的场合，也会使用工业机器人。由于这些工作环境对空气纯净度有很高的要求，也对工业机器人对环境的影响提出了相应的要求。其主要要求包括材料、润滑方式、驱动方式等。图 7-13 所示为工业机器人在洁净环境中（传递晶片）的应用示例。

7）测量。为具有一定空间位姿定位精度的工业机器人装上位置探测装置后，就使其成为一种具有空间点检测能力的测量机器人。图 7-14a 所示为一种具有五自由度的坐标测量装置。图 7-14b 所示为一种配置了座椅综合测试装置的测量机器人。

7.2.2　军用机器人

军用机器人是一种新概念武器，是随着现代战争形态的演变而出现的一种高技术武器。

图 7-12　机器人机械加工的示例

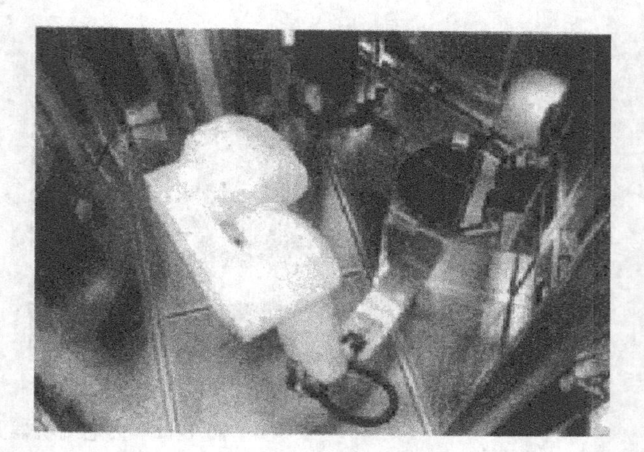

图 7-13　工业机器人在洁净环境中（传递晶片）的应用示例

军用机器人可分为地面军用机器人、无人机等。

（1）地面军用机器人　地面军用机器人是一种无人地面移动车辆，主要是指智能或遥控的轮式车辆和履带式车辆，大致可以分为微型、超小型、中型以及大型，目前轮履复合移动机器人在保安、排爆等作业中使用广泛，图 7-15 所示为履带式地面军用机器人。地面军用机器人又可分为自主车辆和半自主车辆。自主车辆依靠自身的智能自主导航，躲避障碍物，独立完成各种战斗任务；半自主车辆可在操作人员的监视下自主行驶，在遇到困难时操作人员可以进行遥控干预。

此外，图 7-16 所示为美国军方研制的一款 4 足机器人，能在多种地况下平稳行走。

（2）无人机　被称为空中机器人的无人机是军用机器人中发展最快的家族，从 1913 年第一台自动驾驶仪问世以来，无人机的基本类型已达到 300 多种。美国是最早研究无人机的国家之一，目前，在军用无人机方面，无论从无人机技术水平还是种类和数量来看，美国均居世界首位。而在民用无人机方面，中国制造的消费级无人机已经占领了全球市场的一半

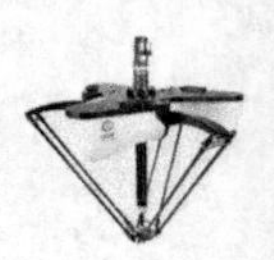

a)

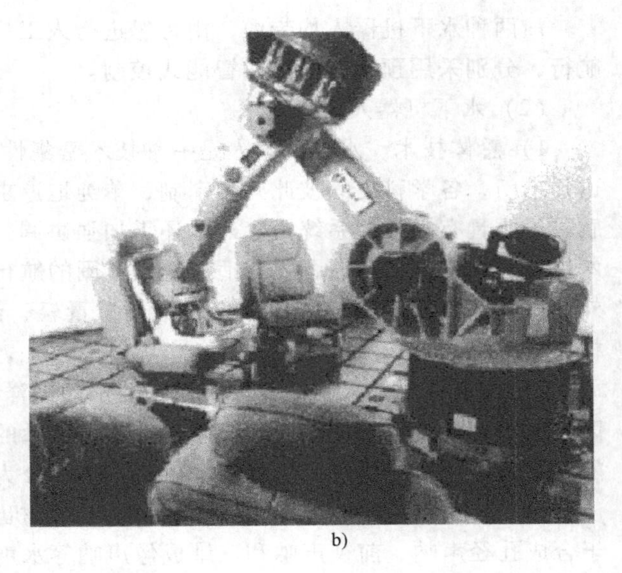

b)

图 7-14　机器人应用于测量的示例

a）具有五自由度的坐标测量装置　b）配置了座椅综合测试装置的测量机器人

图 7-15　地面军用机器人

图 7-16　机器人技术在军事中的应用案例

以上。

7.2.3　水下机器人

水下机器人也称为无人遥控潜水器，是一种工作于水下的极限作业机器人。水下环境恶劣危险，人的潜水深度有限，所以水下机器人已成为开发海洋的重要工具。

（1）水下机器人的分类　水下机器人是一种具有智能的水下潜器，国内外专家学者根据其智能化程度和使用需求，将水下机器人分为 4 类：

1）拖曳式水下机器人 TUV（Towing Underwater Vehicle）。

2）遥控式水下机器人 ROV（Remotely Operated Vehilce）。

3）无人无缆水下机器人 UUV（Unmanned Underwater Vehicle）。

4）智能水下机器人 AUV（Autonomous Underwater Vehicle）。

前两种水下机器人均带缆，由母船进行人工控制；后两种水下机器人均无人无缆，自主航行，分别采用预编程控制和智能式控制。

（2）水下机器人关键技术

1）总体技术。水下机器人是一种技术密集性高、系统性强的设备，涉及的专业学科多达几十门，各学科之间彼此互相牵制，单纯地追求单项技术指标就会顾此失彼。解决这些矛盾除了要具有很强的系统概念外，还需加强协调。在满足总体技术要求的前提下，各单项技术指标的确定要相互兼顾。为适应较大范围的航行，从流体动力学角度来看，水下机器人的外形宜采用流线型体，结构尽可能采用质量轻、浮力大、强度高、耐蚀、降噪的轻质复合材料。

2）仿真技术。水下机器人工作在复杂的海洋环境中，由智能控制完成任务。由于工作区域的不可接近性，使得对真实硬件与软件体系的研究和测试比较困难。因此在水下机器人的方案设计阶段，要进行仿真技术研究，内容分为平台运动仿真和控制硬件、软件的仿真。

3）水下目标探测与识别技术。目前，水下机器人用于水下目标探测与识别的设备仅限于合成孔径声呐、前视声呐和三维成像声呐等水声设备。

① 合成孔径声呐。用时间换空间的方法、以小孔径获取大孔径声基阵的合成孔径声呐，适用于尺度不大的水下机器人，可用于侦察、探测、高分辨率成像，大面积地形地貌测量等，为水下机器人提供了一种性能很好的探测手段。

② 前视声呐组成的自主探测系统。前视声呐的图像采集和处理系统，在水下计算机网络管理下可以自主采集和识别目标图像信息，实现对目标的跟踪和对水下机器人的引导。可以通过实验，找出用于水下目标图像特征提取和匹配的方法，建立数个目标数据库，在目标图像像素点较少的情况下，较好地解决数个目标的分类和识别。系统对目标的探测结果能提供目标与机器人之间的距离和方位，为水下机器人避碰与作业提供依据。

③ 三维成像声呐。用于水下目标识别的三维成像声呐，是一个全数字化、可编程、具有灵活性和易修改的模块化系统，可以获得水下目标的形状信息，为水下目标识别提供了便利条件。

4）智能控制技术。智能控制技术能够提高水下机器人的自主性，帮助水下机器人在复杂的海洋环境中完成各种任务，因此研究水下机器人控制系统的软件体系、硬件体系和控制技术十分重要。智能控制技术是人工智能技术、各种控制技术的集成，智能控制系统相当于水下机器人的“大脑”和“神经系统”。软件体系是水下机器人的总体集成和系统调度，直接影响其智能水平，它涉及基础模块的选取、模块之间的联系、数据（信息）与控制流、通信接口协议、全局性信息资源的管理及总体调度。

5）规划与决策技术。规划与决策是指对自主式水下机器人在有海流区域工作时姿态和路径的规划与决策，目的是确保水下机器人工作时艏向严格顶流。有两种路径规划方法，一种是坐标系旋转法，其基本思想是将坐标系绕着 Z 轴旋转，直到 X 正半轴方向指向来流方向，在工作中保证机器人的姿态始终与 X 正半轴方向一致。另一种是基于栅格的位形空间激活值传播法，该方法能方便地实现各种优化条件，并适用于各种复杂的环境，具有较佳的控制生成路径能力和可扩展性，而且算法本身具有内在的并行性，很好地满足了机器人艏向尽量顶流的要求。

6）水下导航（定位）技术。用于自主式水下机器人的导航系统有多种，如惯性导航系

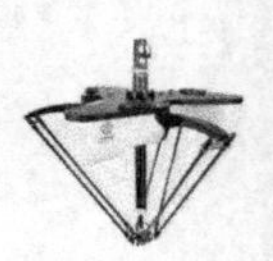

统、重力导航系统、海底地形导航系统、地磁场导航系统、引力导航系统、长基线、短基线和光纤陀螺与多普勒计程仪组成的推算航行系统等，由于价格和技术等原因，目前被普遍看好的是光纤陀螺与多普勒计程仪组成的推算航行系统，该系统无论从价格上、尺度上和精度上都能满足水下机器人的使用要求。

7）通信技术。为了有效地监测、传输数据、协调和回收机器人等，水下机器人需要具有通信能力。目前的通信方式主要有光纤通信和水声通信。

① 光纤通信由光端机（水面）、水下光端机和光缆组成。其优点是数据传输效率高（100Mbit/s），抗干扰能力强。缺点是限制了水下机器人的工作距离和可操纵性，一般用于带缆的水下机器人TUV、ROV。

② 水声通信。由于声波在水中的衰减慢，对于需要中远距离通信的水下机器人，水声通信是唯一的、比较理想的一种方式。实现水声通信最主要的障碍是随机多途干扰，要满足较大范围和高数据率传输要求，需解决多项技术难关，要达到实用程度，仍然有大量的工作要做。

8）能源系统技术。水下机器人、特别是续航力大的自主航行水下机器人，需要具有体积小、重量轻、能量密度高、多次反复使用、安全和低成本的能源系统。

① 热系统。热系统是将能源转换成水下机器人的热能和机械能，包括封闭式循环、化学和核系统。其中由化学反应（铅酸电池、银锌电池、锂电池）给水下机器人提供能源是一种比较实用的方法。

② 电-化能源系统。质子交换膜燃料电池符合水下机器人动力装置的要求。该电池的特点是能量密度大、高效产生电能，工作时热量少，能快速起动和关闭。其技术难点是合适的低噪声泵、气体管路布置、散热、固态电解液以及燃料和氧化剂的有效存储。随着生产成本、稳定性等问题得到解决，燃料电池有望成为水下机器人的主导性能源系统。

毫无疑问，在海洋开发和未来战争中，水下机器人起着举足轻重的作用。目前国内的水下机器人（主要是AUV、UUV）大多还处于研制试验阶段，很多关键技术还没有突破，离实际使用尚有一段距离。要瞄准目标，抓住时机，开拓创新，争取让我国在水下机器人这一领域拥有更多的自主技术。

7.2.4　空间机器人

航天领域是机器人应用十分广泛的一个领域，在人类还无法直接生存的环境下（如火星探测等）进行科学考察，最好的办法就是采用机器人。空间机器人是指在太空或外星环境下进行空间作业的机器人，它是一种轻型遥控机器人。空间机器人由机器人的本体及搭载在本体上的机械手组成，可在行星的大气环境中导航及飞行。

（1）空间机器人的主要任务

1）空间站的建造。空间机器人可以承担大型空间站中各组成部分的运输及部件间的组装等任务。

2）卫星和其他航天器的维护与修理。如失效卫星的回收、其他航天器的维护与修理和空间飞行器的物资补给等。

3）空间生产和科学实验。利用宇宙空间微重力和高真空环境的特点，生产出地面上难以生产或无法生产的产品。

（2）空间机器人的特点　空间机器人工作在微重力、高真空、超低温、强辐射、照明差的环境中，因此，空间机器人与地面机器人相比，有其自身的特点。

1）空间机器人的体积比较小，质量比较轻，抗干扰能力比较强。

2）空间机器人的智能程度比较高，功能比较全。

3）空间机器人消耗的能量要尽可能小，工作寿命要尽可能长，而且由于是工作在太空这一特殊的环境之下，对它的可靠性要求也比较高。

（3）空间机器人的分类　从20世纪90年代中期以来，国际上研制与开发的空间机器人大体上分为3类：舱外活动机器（EVR）、科学有效载荷服务器和行星表面漫游车。

根据不同的划分标准与原则，空间机器人有多种分类方法。其中按用途的不同，空间机器人可以分为舱内/外服务机器人、自由飞行机器人和星球探测机器人3种。

1）舱内/外服务机器人。作为空间站舱内使用的机器人，舱内服务机器人主要用来协助航天员进行舱内科学实验以及空间站的维护。舱内服务机器人要求质量轻、体积小，且具有足够的灵活性和操作能力。作为空间站（或者航天飞机）舱外使用的机器人，舱外服务机器人主要用来提供空间在轨服务，包括小型卫星的维护、空间装配、加工和科学实验等。由于空间环境恶劣且出舱成本高昂，因此，舱外服务机器人的研究和实验工作非常重要。

2）自由飞行机器人。自由飞行机器人是指飞行器上搭载机械臂的空间机器人系统，由机器人基座（卫星）和机械臂组成，具有自由飞行和自由漂浮两种工作状态。自由飞行机器人主要用于卫星的在轨维护和服务。

3）星球探测机器人。星球探测机器人主要用来执行行星和月球等星球表面的探测任务。在星球探测中，机器人用来探测着陆地点、进行科学仪器的放置、收集样品进行分析等。为了满足探测任务要求，与其他用途的机器人相比，星球探测机器人应具有更强的自主性，能够在较少地面干预的情况下独立完成各项任务。

图7-17a所示为一款探月车的样机，图7-17b所示为太空机械手。

a)

b)

图7-17　机器人技术在空间探索中的应用

a）探月车　b）太空机械手

7.2.5　服务机器人

服务机器人是机器人在第三产业（娱乐、保安、救援、清扫、管道维护、教学等领域）

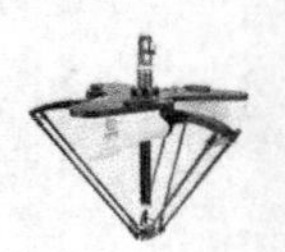

中应用的主体。下面简单介绍一下机器人技术在这方面的应用。

当发生地震灾害时，在余震不断、建筑物遍地倒塌的地方，要尽快搜救受害者是非常不容易的。在这种场合，机器人同样有着广阔的应用前景。图 7-18a 所示为一款能自动翻越障碍的搜救机器人，图 7-18b 所示为一款蛇型的搜救机器人。

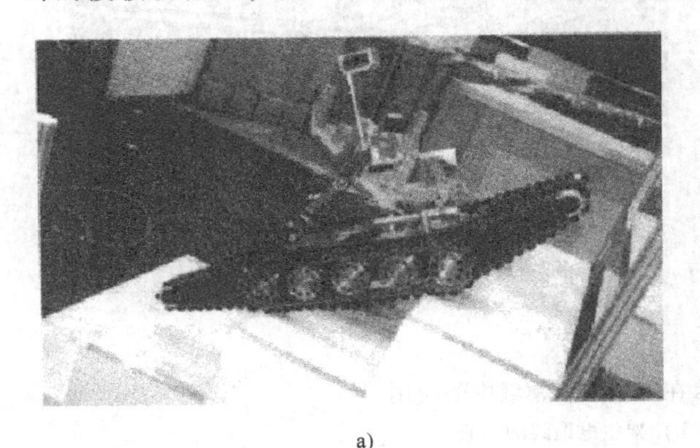

a)

b)

图 7-18　救灾机器人应用示例

a）能自动翻越障碍的搜救机器人　b）蛇型搜救机器人

图 7-19 所示为机器人在娱乐场合中的应用，人们可以通过对智能机器人的编程控制，使其娱乐大众。图 7-19a 所示为机器人在控制系统的控制下，抄写书籍，图 7-19b 所示为利用机器人的搬运功能，与国际象棋大师对弈。

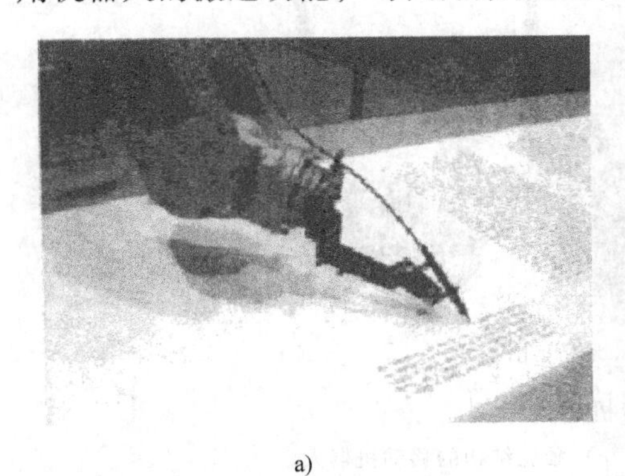

a)

b)

图 7-19　机器人在娱乐中的应用

a）机器人抄写书籍　b）机器人与国际象棋大师对弈

从机器人的定义中我们可以看到机器人实际上是一种能自动执行工作任务的装置，因此能实现这种定义功能的装置都可以称作机器人。在人们日常工作中，机器人一般被用来替代人们完成危险和劳动强度大的工作以及人们无法轻松完成的工作。

图 7-20a 所示为人们利用管道机器人进行管道的维护检查工作。我们可以想象一下，人类有没有可能像机器人那样钻到管道中去检查？更何况还有更为细小的管线。图 7-20b 所示为利用机器人进行架空电缆线的检查工作，这同样是人们无法胜任的工作。

事实上，装上了视觉装置的机器人，还能承担监控和安保工作。特别是移动装置的引入，可使这类机器人变成能执行巡逻工作的安保机器人。

a)

b)

图 7-20　机器人技术在维护维修领域中的应用

a）管道机器人　b）架空电缆线的检查

机器人还走进了我们的日常生活中，帮助我们做家务。图 7-21a 所示为一款清扫机器人的示例，图 7-21b 所示为一款可以代步的自平衡二轮结构的移动机器人，图 7-21c 所示为一款可以代步的自平衡独轮结构的移动机器人。

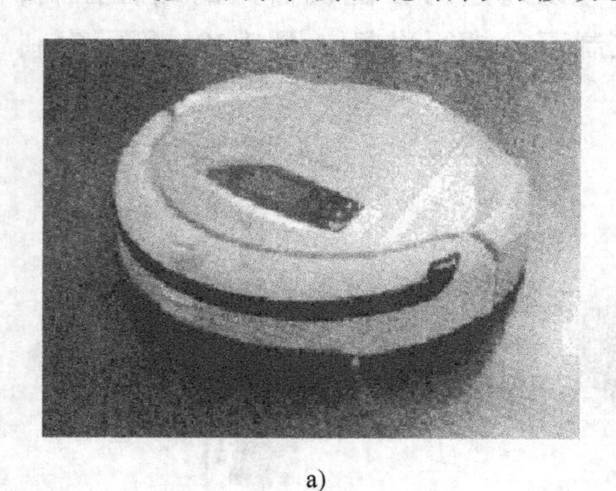

a)

b)　c)

图 7-21　清扫机器人和代步机器人示例

a）清扫机器人　b）二轮结构的移动机器人　c）独轮结构的移动机器人

机器人技术还被应用于教学等环节，其功能与传统教学设备相比不仅毫不逊色，而且还非常具有娱乐性。图 7-22 所示为一些采用陀机驱动的教学机器人，这些机器人能通过计算机系统的控制，完成各种相关的动作和功能。

此外，机器人的位姿精确定位功能，使其在医学领域（手术、人体康复、护理等）得到了很好的应用，并具有广阔的应用前景。

图 7-23a 所示为一种手术用的机器人，主刀医生在操作台上主动操作，手术台上的机器人做随动运动。由于机器人的控制精度和稳定性远比我们人类要好，因此它能够更好地完成一些需要精细操作的手术。图 7-23b 所示为一款自动抽血的机器人。

目前，机器人技术还被广泛地应用于人体康复工作中，这大大减轻了医疗人员的工作量，同时也使整个康复工作趋于规范化和定量化。这类与人直接接触的机器人，在其控制和

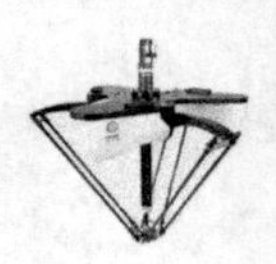

图 7-22　教学机器人示例

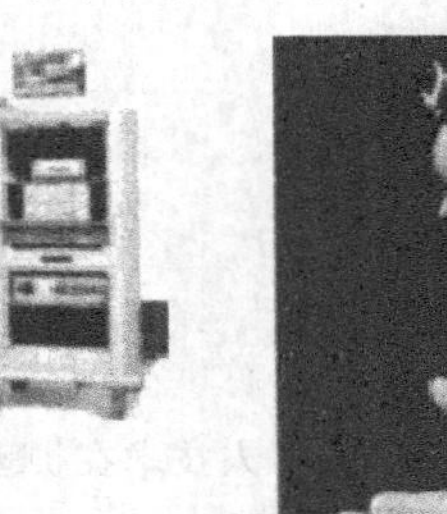

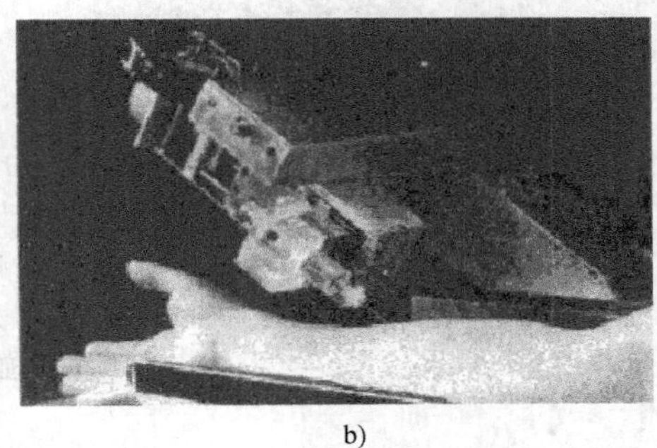

a)　　　　　b)

图 7-23　机器人技术在医学领域的应用示例

a）手术机器人　b）自动抽血机器人

安全性方面有特殊的要求。图 7-24a 所示为一款用于下肢康复的机器人，图 7-24b 所示为一款用于上肢康复的机器人。

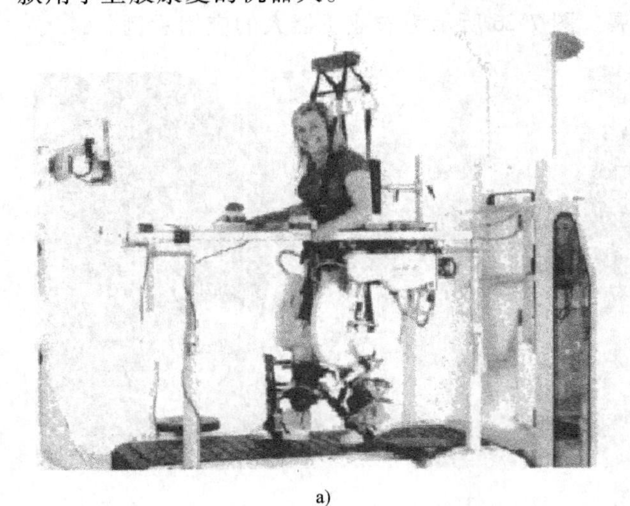

a)　　　　　b)

图 7-24　机器人技术在人体康复领域的应用示例

a）用于下肢康复的机器人　b）用于上肢康复的机器人

目前还出现了用于病人护理的机器人，这类机器人对移动性、安全性的要求更高。图7-25a所示为一款护理机器人，图7-25b所示为一款在医院使用的服务机器人。

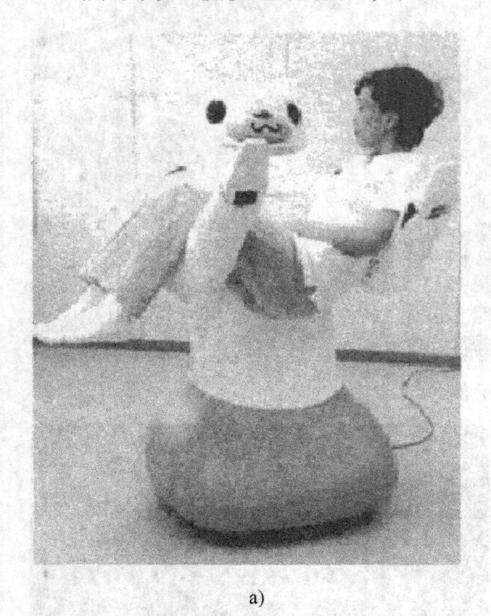

a)

b)

图7-25　机器人技术在护理领域的应用示例

a）护理机器人　b）服务机器人

7.2.6　农业机器人

在第一产业（农、林、水产等领域）中，同样存在劳动强度问题，特别是在工业化生产方式日益普及的情况下，如何高效、快速地辅助农业生产是机器人应用的一个方向。农业机器人是一种新型多功能农业机械。农业机器人的应用，改变了传统的农业劳动方式，降低了农民的劳动强度，促进了现代农业的发展。图7-26所示为农业机器人的应用示例。

a)

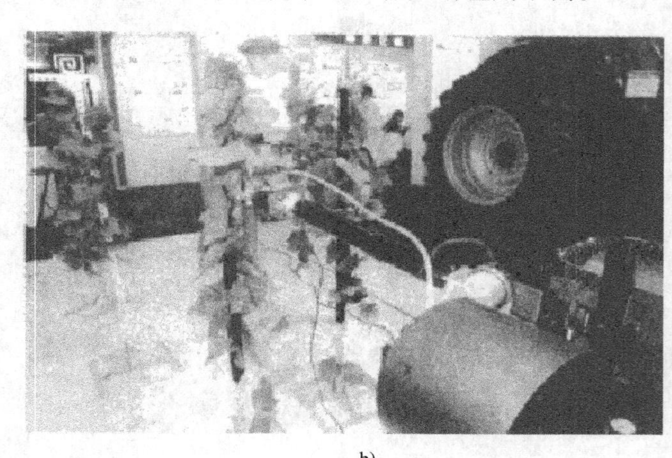

b)

图7-26　农业机器人的应用示例

a）自动播种机器人　b）黄瓜采摘机器人

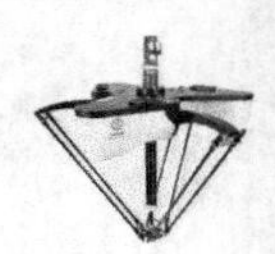

（1）农业机器人的特点　农业机器人是一种以农产品为操作对象、兼有人类部分信息感知和四肢行动功能、可重复编程的柔性自动化或半自动化设备。它能减轻劳动强度，解决劳动力不足，提高劳动生产率和作业质量，防止农药、化肥等对人体的伤害。

1）作业对象的娇嫩性和复杂性。农作物具有软弱、易伤的特性，且其形状复杂，生长发育程度不一，相互差异很大。

2）作业环境的结构性不统一。随着农作物时间和空间的变化，机器人工作环境也是变化的、未知的。作物生长环境除受地形条件的约束外，还直接受季节、天气等自然条件的影响。这就要求农业机器人要在视觉、推理和判断等方面具有相当的智能。

3）作业过程的复杂性。在农业领域，机器人的行走不是从出发点到终点的直线行走，而是具有范围狭窄、距离较长和遍及整个田间表面等特点。通常是农业机器人作业与移动同时进行，而且工作时具有特定的位置和范围。

4）操作对象和价格的特殊性。农业机器人的操作者是农民，并不具备较高的机械电子知识水平，因此农业机器人必须具备非常高的可靠性和操作简单的特点。另外农业机器人是以个体农民经营为主，如果不具备价格优势，就很难得到普及应用。

（2）农业机器人的应用现状　农业生产大致可以分为两类：一类是在大面积农田中进行作业的土地利用型农业，另一类是在温室或植物工厂中进行作业的设施型农业。农业机器人根据解决问题的侧重点不同，用于前者的称为行走系列农业机器人，用于后者的称为机械手系列机器人。

1）行走系列农业机器人。行走系列农业机器人的主要目标是自主行走，边行走边作业。它的作业条件受地理环境的影响。因此要保持机器人行走的速度与姿势，从而得到高作业质量，是目前开发此类农业机器人必须解决的问题，下面介绍几种活跃在农田中的机器人：

① 自行走式耕作机器人。自行走式耕作机器人是在拖拉机的基础上加上位置传感器和嵌入式智能系统等，可在耕作场内辨别自身位置，推动执行机构动作，实现无人驾驶，配上各种农具后，能进行各种田间作业，从而保证田间垄作方向正确与耕作精准。随着GPS（全球卫星定位系统）的应用，卫星导航和精确定位行驶发展成熟，自行走式耕作机器人的技术也随之成熟，并已处于实用性阶段。

② 施肥机器人。施肥机器人除具备在田间自动行驶作业的功能外，还会根据土壤和作物种类的不同，自动按不同比例配备营养液，计算施肥总量，降低农业成本，减少施肥过多产生的污染。

③ 除草机器人。除草机器人采用了先进的计算机图像识别系统、GPS系统。其特点是利用图像处理技术自动识别杂草，利用GPS接收器做出杂草位置的坐标定位图。机械杆式喷雾器根据杂草种类、数量自动进行除草剂的选择和喷洒。如果引入田间害虫图像的数据库，还可根据害虫的种类与数量进行农药的喷洒，起到精确除害、保护益虫、防止农药过量污染环境的作用。

④ 水田管理作业机器人。水田中的作物是有规则地栽种，因此也可以通过测量作物方位进行机器人式作业。日本农林水产省农业研究中心开发的机器人式水田管理作业机能对水稻进行洒药与施肥等作业。该机器人的自主行走系统采用类似猫的胡须的压力传感器，沿着列行走，到地头时自动停止，并转一个作业宽度至返回方，向由操作者确认是否进入正确稻

列进行作业，这是半自动作业方式。

⑤ 收获及管理作业机器人。机器人根据预先设置的指令，利用自动控制机构、陀螺仪和压力传感器，从而自动进行田间作业。在该类机器人的研究上，日本开发了利用传感器检测稻株，靠离合器闸的接通与断开实现转向的方向自动控制的联合收割机。美国 CNH 公司研制的多用途自动化联合收割机器人，很适合在美国的一些专属农垦区大片整齐规划的农田中收割庄稼。

2）机械手系列机器人。机械手系列机器人的目标是对作业对象的识别，它的作业对象是果实、家畜等离散个体。由于作业对象的基本生理特征和力学特征等不同，开发该机器人的重点应放在检测数据的采集上，从而开发不同的传感器。传感器的融合技术在近年来已被引入到机器人识别研究中，开发新型传感器以及提出新的融合方法，提高灵敏度和反应速度以完善探测结果，是机器人重要的研究方向之一。目前，该系列的机器人主要有下面几种：

① 嫁接机器人。嫁接技术广泛应用于蔬菜和水果的生产中，可以改良品种和防止病虫害。嫁接机器人是一种集机械、自动控制与园艺技术于一体的高技术设备，可在短时间内把直径为几毫米的砧木和芽坯嫁接为一体，大幅提高嫁接速度，同时避免了切口长时间氧化与苗内液体的流失，提高了嫁接成活率，大大提高了工作效率。嫁接机器人在日本应用十分广泛，中国农业大学率先在我国开展了自动化嫁接技术的研究工作，先后研制成功了自动插接法和自动旋切贴合法嫁接技术，形成了我国具有自主知识产权的嫁接机器人技术。

② 采摘机器人（果实收获机器人）。近年来，为提高果品蔬菜的采摘效率，国外开发了一系列采摘机器人。该类机器人采用彩色或黑白摄像机作为传感器来寻找和识别成熟果实，主要由机械手、终端握持器、传感器和移动机构等主要部分组成。一般机械手有冗余自由度，能避开障碍物，有时终端握持器中间有压力传感器，避免压伤果实。在很多国家已经广泛投入使用的有番茄采摘机器人、黄瓜采摘机器人、葡萄采摘机器人、西瓜收获机器人和柑橘采摘机器人等。

③ 育苗机器人（移植机器人）。育苗机器人主要用于蔬菜、花卉和苗木等种苗的移栽。它把种苗从插盘移栽到盆状容器中，以保证适当的空间，促进植物的扎根和生长，便于装卸和转运。现在研制出来的育苗机器人有两条传送带：一条用于传送插盘，另一条用于传送盆状容器。其他的主要部件是插入式拔苗器、杯状容器传送带、插漏分选器和插入式栽培器。在一般情况下，种子发芽率只有 70% 左右，而且发芽的苗也存在坏苗，所以育苗机器人引入图像识别技术进行判断。经过探测之后，准确判别好苗、坏苗和缺苗，指挥机械手把好苗准确移栽到预定位置上。育苗机器人大大减少了人工劳动，提高了移栽操作质量和工作效率。

3）其他机器人。一些特殊的农业机器人（如澳大利亚生产的剪羊毛机器人和荷兰开发的挤奶机器人等）已经投入生产中，其技术已经非常成熟。

① 剪羊毛机器人。澳大利亚成功研制了剪羊毛机器人。首先将羊固定在可做三轴转动的平台上，然后将有关羊的参数输入计算机，据此算出剪刀在剪羊毛时的最佳运动轨迹，然后用液压传动式剪刀剪下羊毛。试验结果表明，剪羊毛机器人要比熟练的剪毛工效率高。

② 挤奶机器人。挤奶机器人根据计算机管理的奶牛乳头位置信息，用超声波检测器自动找到奶牛的乳头位置，用计数型机械手进行挤奶杯的放置、奶头清洗和挤奶等作业。

③ 葡萄树修剪机器人。葡萄树修剪机器人根据以经验为基础的电脑模型法则，利用摄像机检测树枝，用带剪刀的机械手修剪。

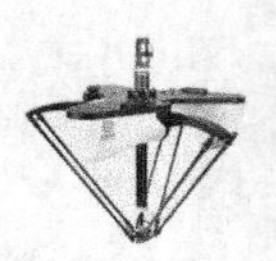

农业机器人还没有完全应用于整个农业生产领域，一些蔬菜类收获机械（如白菜收获、油菜收获等）虽然已经进入研究中，但是并没有完全实现自动化。同时，并不是整个农业生产领域都适应机器人工作。总之，发展农业机械化与自动化，改进现有的生产设备来促进农业生产的发展，提高我国国民经济水平，是目前我国农业机器人发展的主要方向和途径。

7.2.7　仿人型机器人

仿人型机器人是具有人的外形和功能的机器人，如图 7-27 所示。随着新技术的发展，仿人型机器人将会在以下几个方面取得应用：

1）军事和安全。搜索和营救、爆破装置的处理、军事后勤。

2）医学。病人的转移、看护，老年人的护理。

3）家庭服务。清扫、准备食物、家庭安全、购物。

4）太空。在太空舱进行安全工作。

5）危险的工作。操纵设备、消防、保安。

6）制造业。小部件的装配、控制设备运转。

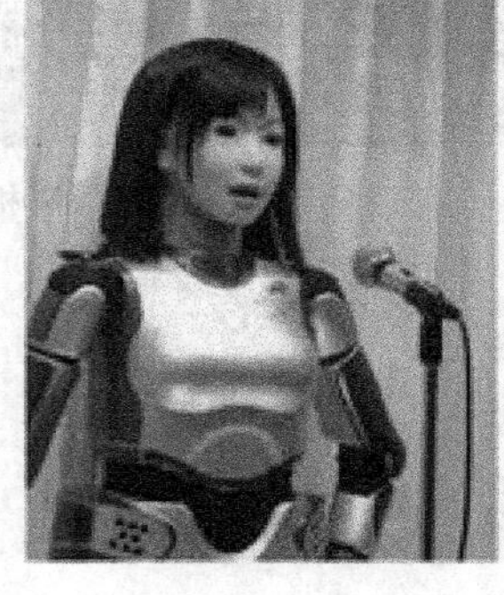

图 7-27　仿人型机器人

仿人型机器人在以下几个方面的关键技术将有新的突破：

1）利用新组件技术进行系统设计。

2）进行高持久、高载荷和高速度任务所需的高能量密度的储能技术。

3）具有高能量密度的驱动机构和技术。

4）新型末端减速装置的开发。

5）全身动力学的力控制技术。

6）在环境中感知、接触物体和判断物体接近度的触觉技术。

7）在仿人型机器人高速运动时具有 1cm 分辨率的感知和选择脚步落点的导航技术。

8）能实现动态跑步、跳跃等所需的灵巧腿技术。

9）灵巧手技术。

7.3　机器人应用的发展趋势

7.3.1　自主移动机器人的研究

自主移动机器人是指能在地面、空中、水下、太空中自主移动的机器，它是利用自身的动力、机载传感器和计算机，按照预先给出的任务指令和地图信息进行全局路径规划，并在行进过程中，不断感知周围局部环境，自主决策，安全移动到预定目标，完成动作和操作任务，因而具有广泛的应用前景。

图 7-28 所示的 NASA 火星车是用于火星探测的移动机器人，是由地球上的人进行监督控制，具有自主执行移动和指定任务探测的能力。

在水下恶劣环境中，自主水下机器人（AUV）能携带多种传感器和监测设备，进行深水和海洋环境的探测，如图 7-29 所示。

图 7-28 火星探测机器人

图 7-29 水下机器人

图 7-30 探测机器人

在有核辐射或生物污染的场合需要探测污染的类型和程度，图 7-30 所示为用于核辐射环境下的探测机器人。

移动机器人要能在地面、空中、水下移动，为了实现不同的模式，人们研究了各种技术和方法，如图 7-31 所示。

（1）“轮子和螺旋桨”策略　交通技术经历了多个世纪的演化发展，机器人的工程方法由此借鉴颇多。地面机器人运载器采用轮子和轮胎；空中机器人运载器采用螺旋桨或喷气发动机和固定的机翼（或者如直升机一样的螺旋桨）；水下机器人运载器采用螺旋桨和控制舵面。

（2）“跑和扇动”策略　仿生学应用在机器人技术的研发中已经有很长的时间了。日本研究者对仿生学的方法尤其感兴趣，取得了很好的效果。已经有学者在进行有腿移动系统的研究，如像人类一样走和跑的双足移动系统。类似的还有滑行的机器蛇，扇动翅膀的机器鸟和机器昆虫，用波浪式运动游泳的机器鱼和机器鳗。

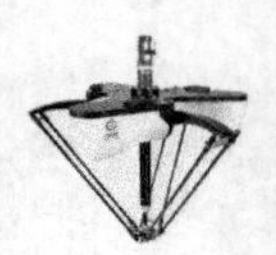

图 7-31　各种移动机器人技术

仿生学研究主要有两个重要的目标。首先，复现生物组织移动方式的研究可以使人类了解自然世界，仿生学研究有助于理解生物运动的物理过程、动能学和控制系统。其次，这些研究能产生有关这些实际系统的新观点，可能会推动工程技术的进一步发展。比如，在粗糙的地面上，有腿的移动可能比轮子的移动更有效。与此类似，一些生物体，如昆虫和鱼，其能量效率比工程系统要高，因此，仿生学研究可能推动机器人技术出现新的突破。

国际上机器人运载器技术的优先研究方向见表 7-2。

表 7-2　国际机器人运载器技术优先研究方向

国家或区域	优先研究方向
美国	室外移动（地面、空中、水下）运载器 室外复杂环境中的导航和地图创建 主要应用：国防、太空
日本和韩国	仿人步行的室内移动性 新的移动机构 主要应用：服务、娱乐、商业
欧洲	城市和建筑环境中的移动性 有地图和基于传感器的导航 主要应用：基础设施支持和运输

移动机器人技术面临的主要技术难题有：

1）多机器人移动技术。

2）长期可靠应用。

3）微纳米尺度的移动性。

4）高效且独立的动力。

5）交互服务。

6）人-机器人互动与监督。

7.3.2 智能机器人加快发展

（1）传感型智能机器人技术　作为传感型机器人基础的机器人传感技术有了新的发展，各种新型传感器不断出现。例如超声波传感器、基于光纤陀螺惯性测量的传感器以及具有工件检测、识别和定位功能的视觉系统。我国研制成功了一种机器人插入装配主动柔顺策略——模式识别法。在机器人插孔搜索时，该法采用力-位置控制的主动柔顺装配方法，实现了可编程的机器人轴孔装配作业。

由于单一传感器信号难以保证输入信息的准确性和可靠性，不能满足智能机器人系统获取环境信息及系统决策的需要，多传感器集成与融合技术在智能机器人上获得了应用。采用多传感器系统集成和融合技术，可以利用各种传感信息，获得对环境的正确理解，使机器人系统具有容错性，保证系统信息处理的快速性和正确性。

在多传感器集成和融合技术研究方面，人工神经网络的应用特别引人注目，成为一个研究热点，在这方面的研究成果也层出不穷。例如，日本三菱电机公司提出了一种新的定位误差补偿方法。该法引入前馈多层神经网络，应用人工神经网络的非线性映射功能，补偿一般方法无法补偿的误差因素，有效地补偿了工业机器人的运动学误差。

（2）开发新型智能技术　智能机器人有许多研究新课题，对新型智能技术的概念和应用研究正酝酿着新的突破。虚拟现实（VR，Virtual Reality）技术是一种对事件的现实性从时间和空间上进行分解后重新组合的技术。这一技术包括三维计算机图形学技术、多传感器的交互接口技术以及高清晰度的显示技术。虚拟现实技术可用于遥控机器人和临场感通信等。例如，可从地球上对火星探测机器人进行遥控操作，以采集火星表面上的土壤。

形状记忆合金（SMA）被誉为“智能材料”，是一种在加热升温后能完全消除其在较低温度下发生的变形，恢复其变形前原始形状的合金材料。在航空航天领域内有很多应用成功的案例。可逆形状记忆合金（RSMA）也在微型机器人上得到应用。

多智能机器人系统（MARS）是在单体智能机器人发展到需要协调作业的条件下产生的。多个机器人主体具有共同的目标，完成相互关联的动作和作业。MARS 的作业目标一致，信息资源共享，各个局部（分散）运动的主体在全局前提下感知、行动、受控和协调，是群控机器人系统的发展。

在诸多新型智能技术中，基于人工神经网络的识别、检测、控制和规划方法的开发和应用占有重要的地位。基于专家系统的机器人规划获得新的发展，除了用于任务规划、装配规划、搬运规划和路径规划外，还被用于自动抓取规划。

（3）采用模块化设计技术　智能机器人和高级工业机器人的机构要力求简单紧凑，其高性能部件甚至全部机构的设计已向模块化方向发展；其驱动采用交流伺服电动机，向小型

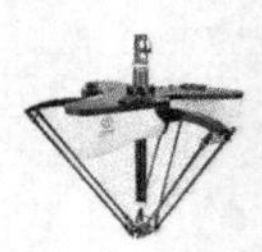

化和高输出方向发展；其控制装置向小型化和智能化方向发展，采用高速 CPU 和 32 位芯片、多处理器和多输出操作系统，提高机器人的实时和快速响应能力。机器人软件的模块化则简化了编程，发展了离线编程技术，提高了机器人控制系统的适应性。例如，日本日产公司的智能型车身焊接和装配系统，由于其软件采用模块化设计技术，因而功能很强。该系统能显著地减少更换工具的时间，提高焊接精度和装配生产率。

（4）微型机器人技术　微型机器人在医学、核工业和空间开发等领域的应用有特殊的意义，如在核工业领域，目前正在开发的微型移动机器人可用于进入小型管道进行指令作业；在医学领域，正在开发可直接进入人体器官、血管进行各种疾病的诊断和治疗的毫米级、微米级的微型机器人；在空间领域，微型机器人由于体积小、质量小，具有良好的应用前景。微型机器人是将微型传感器、微型驱动器、控制器、微型机械装置及连接接口集成到一个硅片上形成的，其示例如图 7-32 所示，微型机器人的开发包含以下方面：

1）微型传感器开发。

2）微型机械器件开发。

3）三维微型加工技术。

4）微型驱动器技术。

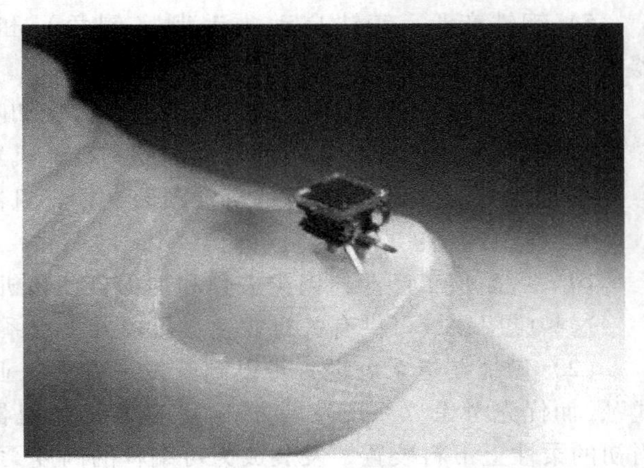

图 7-32　微型机器人示例

（5）网络机器人的快速发展　网络机器人是一种将不同类型的多个机器人通过传感器、嵌入式计算机和网络进行协调和组织，实现单体形式机器人不能完成的工作的服务机器人。在网络机器人构成的系统中，包括以下构成要素：

1）至少有一台具有软件和硬件功能的物理机器人。

2）物理机器人具有自律能力。

3）系统通过网络能和环境中的传感器与人协同工作。

4）人和机器人能进行交互。

5）在环境中有散布在各处的传感器和传动器。

网络机器人具有 3 种特性，即可视性（Visible）、虚拟性（Virtual）和隐蔽性（Unconscious）。其关键技术有：

1）网络和机器人平台技术。

2）机器人即插即用技术。

3）识别人、人的行动和环境状态的隐蔽传感技术。

4）实现亲切对话行为（包括声音和手势）的机器人情景交流技术。

5）机器人安全认证技术。

网络机器人是机器人技术与网络技术融合的体现，将来一定会在社会中得到广泛的应用。

7.3.3　应用领域向非制造业和服务业的扩展

（1）机器人应用领域呈上升趋势　在生产工程系统中应用机器人，使自动化发展为综

合柔性自动化，实现生产过程的智能化和机器人化。如汽车工业、工程机械、建筑、电子和电动机工业以及家电行业在开发新项目时，引入机器人技术，采用柔性自动化和智能化设备，改造原有生产手段，使机器人及其生产系统的发展呈上升趋势。

在加工工业中的机器人工程系统主要涉及下列机器人：

1）汽车产业：自动装配机器人、码垛堆积和分装机器人。

2）电气和电子产业：半导体真空加工用真空机器人和超净工作室自主搬运机器人。

3）通用机械产业：自动磨削和抛光机器人、自动喷水切割机器人、用于料箱取料和移动物体识别的三维辨识机器人、自动仓库顺序取料机器人、多产品混合流水线柔性装配系统和智能控制系统。

4）有色金属产业：铸铝自动去毛刺（倒角）和切口机器人、熔炉自动浇注机器人。

5）钢铁产业：铸铁自动去毛刺（倒角）和切口机器人、转炉钢水包自动修理机器人。

6）石油产业：石油容器的自动清洗、检查和喷涂机器人。

7）木材加工产业：木器的自动抛光和精整机器人。

8）造纸产业：高级纸张的自动预装、检查机器人。

9）纺织产业：自动缝制系统。

10）食品加工产业：肉类去骨和加工自动化机器人。

这些应用领域可供有关行业建立机器人工程系统时参考。

（2）敏捷制造系统进一步得到开发　发展工业机器人必须改变过去那种“部件发展方式”，而优先考虑“系统发展方式”。随着工业机器人应用范围的不断扩大，机器人早已从当初的柔性上下料装置，发展成为可编程的高度柔性加工单元。随着高刚度及微驱动问题的解决，机器人作为高精度、高柔性的敏捷性加工设备的时代即将到来。无论机器人在生产线中起什么样的作用，它总是作为系统中的一员而存在，即应该从组成敏捷生产系统的观点出发，考虑工业机器人的发展。

从系统观点出发，首先要考虑如何能和其他设备方便地实现连接及通信。机器人和本体数据库之间的通信从发展方向看是场地总线，而分布式数据库之间则采用以太网。从系统观点来看，设计和开发机器人必须考虑和其他设备互联和协调工作的能力。

通用的工业机器人编程语言仍是动作级语言，虽然市场上有很多种任务级语言，但大多不实用。随着面向对象技术的发展及离线编程技术的成熟，任务级语言可能会日趋成熟。但在可以预见的将来，由于任务的复杂性，实用的语言仍将是动作级语言。机器人群体作为集成化生产设备的一部分，编程及监控技术必须进一步改进，以便能和整个生产设备在统一的框架下进行编程、仿真和监控。

机器人编程方式的选择十分重要。目前仍在广泛应用的示教编程方式，在机器人发展的历史上起着重要的作用，如今机器人作为一个群体在生产线上工作，如汽车车身组装线，有的要配置多达上百台机器人。当一个新产品投产时，仍采用示教方式编程将占用过长时间，严重影响生产效率。生产进入敏捷制造系统后，由于产品变化非常频繁，这一问题就显得更加突出。

解决这个问题可从三个方面入手：一是改进结构，改善加工精度；二是在开发新一代控制器时，重新研究误差补偿问题，研究实用化方法；三是引入传感器来补偿机械精度。这一

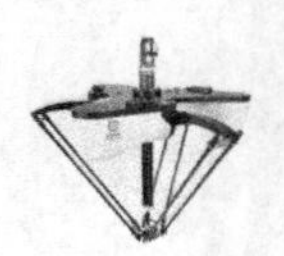

问题的解决，可使机器人的编程与机床的数控设备一样，完全实现离线编程，再加上易于大规模安全修改的软件，就可实现“敏捷制造生产线”。

（3）非制造业应用机器人技术的进一步发展　为了开拓机器人新市场，除了提高机器人的性能和功能以及研制智能机器人外，向非制造业扩展也是一个重要方向。开发适合在非结构环境下工作的机器人将是机器人发展的一个长远方向。这些非制造业包括航天、海洋、军事、建筑、医疗护理、服务、农林、采矿、电力、煤气、供水、下水道工程、建筑物维护、社会福利、家庭自动化、办公自动化和灾害救护等。

下面给出非制造业应用智能机器人技术的一些典型例子。

1）太空：空间站服务机器人（装配、检查和修理）、机器人卫星（空间会合、对接与轨道作业）、飞行机器人（人员和材料运送及通信）、空间探索（星球探测等）和资源收集机器人、太空基地建筑机器人、卫星回收以及地面试验平台等。

2）海洋（水下）：海底普查和采矿机器人、海上建筑物的建筑和维护机器人、海滩救援机器人、海况检测与预报系统。

3）建筑：钢结构自动加工系统、防火层喷涂机器人、混凝土地板研磨机器人、外墙装修机器人、天花板和灯具安装机器人、钢筋混凝土结构检验机器人、桥梁自动喷涂机器人、电缆地下铺设机器人、混凝土预制板自动安装机器人等。

4）采矿：金属和煤炭自动挖掘机器人、矿井安全监控机器人。

5）电力：配电线带电作业机器人、绝缘子自动清洗机器人、变电所自动巡视机器人、核电站反应堆检查和维护机器人、核反应拆卸机器人等。

6）煤气及供水：管道安装、检查和修理机器人，容器检查、修理和喷涂机器人。

7）农林渔业：剪羊毛机器人、挤牛奶机器人、水果自动采集机器人、化肥和农药喷洒空中机器人、森林自动修剪和砍伐机器人。

8）医疗：神经外科感知机器人、胸部肿瘤自动诊断机器人、体内器官和脉管检查及手术微型机器人、用于外科手术的多手指等。

9）社会福利：护理机器人、残疾人员支援系统、人工肢。

从上述例子不难看出，智能机器人在非制造业部门具有与制造业部门一样广阔和诱人的应用前景，必将造福于人类。图7-33所示为某一类型的服务机器人。

图7-33　服务机器人

发展用于非制造业部门的智能机器人，必须在以下方面做出重大发展和突破：

1）服务型机器人技术。

2）虚拟现实交互技术。

3）非结构环境下的感知技术。

4）操作的安全技术。

5）人-机器人的交互技术。

6）机器人、传感器和用户间的网络技术。

习　题

1. 导致机器人具有危险性的原因有哪些？简述基本对策。
2. 列举机器人的典型应用领域。
3. 军用机器人大致可分为哪些类型？
4. 简述机器人在自主移动方面有哪些突破？

参 考 文 献

[1] 张培艳. 工业机器人操作与应用实践教程 [M]. 上海：上海交通大学出版社，2009.
[2] 肖南峰. 工业机器人 [M]. 北京：机械工业出版社，2011.
[3] 夏鲲，徐涛，李静峰，等. 工业机器人的发展与应用研究 [J]. 广西轻工业，2008 (8).